“1+X”职业技能等级证书配套教材
教育部首批国家级职业教育教师教学创新团队项目支持（编号：GG2020N00001）

粮农食品安全评价职业技能等级证书

培训考评手册

（初级）

主编　王玉军　罗红霞
主审　句荣辉　陈历水

中国轻工业出版社

图书在版编目（CIP）数据

粮农食品安全评价职业技能等级证书培训考评手册：初级 / 王玉军，罗红霞主编. — 北京：中国轻工业出版社，2021.10

ISBN 978-7-5184-3576-0

Ⅰ. ①粮… Ⅱ. ①王… ②罗… Ⅲ. ①食品安全–职业技能–鉴定–教材 Ⅳ. ① TS201.6

中国版本图书馆CIP数据核字（2021）第128084号

责任编辑：张　靓　　　责任终审：白　洁

整体设计：锋尚设计　　　责任校对：宋绿叶　　　责任监印：张　可

出版发行：中国轻工业出版社（北京东长安街6号，邮编：100740）

印　　刷：三河市万龙印装有限公司

经　　销：各地新华书店

版　　次：2021年10月第1版第1次印刷

开　　本：787×1092　1/16　印张：15.75

字　　数：350千字

书　　号：ISBN 978-7-5184-3576-0　定价：48.00元

邮购电话：010-65241695

发行电话：010-85119835　　传真：85113293

网　　址：http://www.chlip.com.cn

Email：club@chlip.com.cn

如发现图书残缺请与我社邮购联系调换

210330J4X101ZBW

《粮农食品安全评价职业技能等级证书培训考评手册》
编审专家委员会

张　雪	逯家富	刘　冬	解彦平	罗红霞
邓毛程	丁原春	叶素丹	解振强	张海臣
句荣辉	黄昆仑	陈历水	蔡智军	祝占斌
朱维军	王玉军	吴天祥	苏新国	孙新堂
王孟宇	覃海元	余奇飞	张　爽	李苹苹
张铁涛	薛丽芝	裴朝东	陈　力	张苏勤
陈树兴	王　辉	刘旭明	陈文胜	

本书编审人员

主　编　王玉军（黑龙江交通职业技术学院）

罗红霞（北京农业职业学院）

主　审　句荣辉（北京农业职业学院）

陈历水（漯河市卫龙生物技术有限公司）

副主编　薛丽芝（上海食品科技学校）

余奇飞（漳州职业技术学院）

孙新堂（山东畜牧兽医职业学院）

鲁　曾（日照职业技术学院）

陈会民（洛阳市农产品安全检测中心）

参　编　丁原春（黑龙江职业学院）

陈月英（河南农业职业学院）

赵苑伶（云南农业职业学院）

陈秀霞（广西工商职业技术学院）

葛　雯（芜湖职业技术学院）

葛　鹏（山东商务职业学院）

李　意（广东环境保护工程职业学院）

韩俊杰（黑龙江交通职业技术学院）

史红林（江苏农林职业技术学院）

刘　伟（杨凌职业技术学院）

张艾青（山东畜牧兽医职业学院）

杨　洋（北京农业职业学院）

凌　云（浙江经贸职业技术学院）

陈　力（石家庄职业技术学院）

张露娟（上海食品科技学校）
朱建军（锡林郭勒职业学院）
林娇芬（厦门海洋职业技术学院）
沈　丽（深圳职业技术学院）
张莉杰（漯河食品职业学院）
郝慧敏（鹤壁职业技术学院）
唐　婷（广西农业职业技术学院）
王晓彬（山西运城农业职业技术学院）
胥忠生（湖北三峡职业技术学院）
白　金（德州职业技术学院）
解彦平（“1+X”粮农食品安全评价职业教育培训评价组织）
李俊超（河南华测检测技术有限公司）
王其传（淮安柴米河农业科技股份有限公司）
秦学磊（河南华测检测技术有限公司）
荣群利（广西壮族自治区南宁粮食储备库有限公司）
马丽艳（农业农村部农产品质量监督检验测试中心，北京）
林　莉（三元食品股份有限公司）
常建军（内蒙古蒙牛乳业（集团）股份有限公司）
刘旭明（德青源国家蛋品工程技术研究中心）
史智佳（新希望集团食品研究院）
吉日文（广西壮族自治区产品质量检验研究院）
王　琳（太原海关技术中心）
张文海（福建安井食品股份有限公司）
蓝梦哲（广东广电计量检测股份有限公司）
刘拉平（农业农村部农产品质量监督检验测试中心，杨凌）
蔡忠深（深圳市中恒国科信息技术有限公司）
张克月（深圳市中恒国科信息技术有限公司）
杨小蓉（四川省疾病预防控制中心微生物所）
麻晓莉（南宁海关技术中心工程师）

前言

《粮农食品安全评价职业技能等级证书培训考评手册》（以下简称《手册》）分为初级、中级、高级三个级别，共三册，每册由5大模块，20个培训考核项目和若干技能点组成。初级、中级、高级三个级别培训考评技能点依次从易到难延伸，体现了教育教学规律和产业链岗位技能需求。每个模块设计有培训考评目标，包含了素质、知识和技能要求，力求做到知识传授、能力培养与价值引领的统一。《手册》以粮农食品安全评价职业技能等级证书标准为依据编写，涵盖了从田间到餐桌全产业链与粮农食品安全相关的各岗位（群）能力要求及培训考评标准，突出了证书的全产业链特点、学科交叉互补特点、满足职业岗位需求特点、食品安全与评价特点、技能强化拓展特点、现代教育技术应用特点、技能等级特点、岗课赛证融通特点等。在模块、项目和技能点的选取方面突显了专业互补交叉和拓展特点，在教育新技术的应用和呈现方面具有显著的时代性和先进性，体现了教育部实施“1+X”证书制度的政策和内涵。

《手册》包括粮农食品生产环境安全评价、粮农食品加工过程安全评价、粮农食品安全检测与评价、粮农食品安全管理、粮农食品质量追溯5大模块；20个考核项目包括粮农作物生产安全评价，投入品（除种子外其他）调查与评价，产地环境监管与评价，粮油加工环节检测与安全评价，粮油储运环节检测与安全评价，乳与乳制品加工安全评价，肉、蛋及其制品加工安全评价，果蔬加工安全评价，饮料加工安全评价，水产品加工安全评价，微生物检测安全评价，农药残留检测安全评价，兽药残留检测安全评价，食品添加剂检测安全评价，非法添加物检测安全评价，粮农食品安全标准及法规，粮农食品安全管理体系建立，食品贮藏、加工与流通过程安全管理与控制，粮食作物追溯信息的采集与记录，畜产品追溯信息的采集与记录；考核技能点分别为初级56个、中级48个、高级49个。每个技能点分资料单和任务单两部分，资料单明确了技能点的规范操作及流程，任务单明确了技能培训实施方法、考核流程和考核标准；每个考核项目后面配有知识习题及答案，有助于对该考核项目知识点的培训及考核。同时，项目配备了相应的仿真操作软件，应用信息化虚拟现实的手段，弥补实操资源的不足，从深度、广度、时间和空间上弥补实操的局限，顾及了全国相关专业开设层次不均、水平不一、投入不等的现状，使技能考核更具全面性、先进性、普及性和参与性。

《手册》是在“1+X”粮农食品安全评价职业教育培训评价组织的指导下，由北京农业职业学院罗红霞教授负责组织全国30多所院校专家和20多家行业企业专家共同编写完成。初级由王玉军、罗红霞主编；中级由句荣辉、罗红霞主编；高级由罗红霞、邓毛程主编。

《手册》以模块、项目和技能点形式编写、以工作手册式呈现，并将仿真操作内容、习题答案和技能评分表等相关资源以二维码形式嵌入书中，实现信息技术、互联网与技能的有机融合。《手册》的体例、内容和形式均充分体现了教育部“证书制度试点”和“三教”改革的精神内涵，不仅可作为中、高等职业院校和应用型本科院校的培训考评用书，还可作为粮农食品生产质量控制、粮农食品质量检验、安全卫生监督人员、粮农食品行业协会等工作者的参考用书。

由于编者水平所限，书中难免有疏漏、错误之处，敬请广大读者批评指正。

编者

2021年9月

目录

模块一

粮农食品生产环境安全评价

模块二

粮农食品加工过程安全评价

模块三

粮农食品安全检测与评价

模块四　粮农食品安全管理

模块五　粮农食品质量追溯

模块一

粮农食品生产环境安全评价

通过对粮农作物生产安全评价、投入品（除种子外其他）调查与评价、产地环境监管与评价三个项目的知识资料单的学习和任务单的操作实践，了解和掌握灌溉水的pH测定与评价、土壤电导率测定与评价、农田空气中氮氧化物测定与评价、化肥施用情况调查与评价 、农药施用情况调查与评价和农田水环境监管与评价等知识和技能点对粮农食品安全评价的重要性，培养学生的职业道德、社会责任感和爱国情怀。

考核项目一
粮农作物生产安全评价

技能操作一　灌溉水的pH测定与评价

资料单

一、原理

pH由pH仪测量电池的电动势而得。该仪器的电池通常由饱和甘汞电极为参比电极，玻璃电极为指示电极所组成。在25℃，溶液中每变化1个pH单位，电位差改变为59.16mV，据此在仪器上直接以pH的读数表示。温度差异在仪器上有补偿装置。

本操作参考GB/T 6920—1986《水质　pH值的测定　玻璃电极法》。

二、试剂和材料

除非另作说明，本方法所用试剂均为分析纯。

（1）配制标准溶液所用的蒸馏水应符合下列要求：煮沸并冷却、电导率小于2×10^{-6}S/cm的蒸馏水，其pH以6.7～7.3为宜。

（2）pH标准溶液甲（pH 4.008，25℃）：称取已在110～130℃干燥2～3h的邻苯二甲酸氢钾（$KHC_8H_4O_4$）10.12g，溶于水并在容量瓶中稀释至1L。

（3）pH标准溶液乙（pH 6.865，25℃）：分别称取已在110～130℃干燥2～3h的磷酸二氢钾（KH_2PO_4）3.388g和磷酸氢二钠（Na_2HPO_4）3.533g，溶于水并在容量瓶中稀释至1L。

（4）pH标准溶液丙（pH 9.180，25℃）：为了使晶体具有一定的组成，应称取与饱和溴化钠［或氯化钠加蔗糖溶液（室温）］共同放置在干燥器中平衡两昼夜的硼砂（$Na_2B_4O_7\cdot10H_2O$）3.80g，溶于水并在容量瓶中稀释至1L。

三、仪器和设备

（1）酸度计，常规检验使用的仪器，至少应当精确到0.1pH单位，pH范围为0～14。如有特殊需要，应使用精度更高的仪器。

（2）玻璃电极与甘汞电极。

四、分析步骤

1.取样

随机采集表水水样充满玻璃瓶，并加塞备用。最好现场测定。否则，应在采样后把样品保持在0～4℃，并保证在采样后6h之内进行测定。

2.仪器校准

操作程序按仪器使用说明书（不同型号仪器稍有差别）进行。先将水样与标准溶液调到同一温度，记录测定温度，并将仪器温度补偿旋钮调至该温度上。

用标准溶液校正仪器，该标准溶液与水样pH相差不超过2个pH单位。从标准溶液中取出电极，彻底冲洗并用滤纸吸干。再将电极浸入第二个标准溶液（甲或乙）中，其pH大约与第一个标准溶液相差3个pH单位，如果仪器响应的示值与第二个标准溶液的pH之差大于0.1pH单位，就要检查仪器、电极或标准溶液是否存在问题。当三者均正常时，方可用于测定样品。

3.样品测定

测定样品时，先用蒸馏水认真冲洗电极，再用水样冲洗，然后将电极浸入样品中，小心摇动或进行搅拌使其均匀，静置，待读数稳定时记下pH。每个试样至少做两个重复。

五、精密度

当样品测定值pH小于等于9时，在重复性条件下获得的两次独立测定结果不得超过0.1；当样品测定值pH大于9时，在重复性条件下获得的两次独立测定结果不得超过0.2。

任务单

一、任务要求

按GB/T 6920—1986测定灌溉水pH 是将pH玻璃电极和甘汞电极（或复合电板）插入灌溉水中成一原电池，测定其电动势值，再换算成pH。在酸度计上测定，经过标准溶液定值后则可直接读取pH。掌握用玻璃电极测量溶液pH的基本原理，能利用pH计对样品进行酸碱度测定，能准确测定样品pH。

二、任务实施

（一）分组讨论，制定工作方案、确定人员分工

填写方案设计表（附表1）。

（二）试剂配制、仪器设备的准备

1.试剂配制

填写试剂配制表（附表2）。

2.仪器设备

填写所需仪器设备统计表（附表3）。

（三）实验操作

按照资料单中的分析步骤进行操作。

（四）填写原始数据

灌溉水的pH测定与评价原始数据记录单

<table>
<tr><td>样品名称</td><td colspan="2"></td><td colspan="2">样品编号</td><td></td><td>样品质量（g）</td><td></td></tr>
<tr><td>取样日期、时间</td><td colspan="2"></td><td colspan="2">取样地点</td><td></td><td>样品保存方法</td><td></td></tr>
<tr><td>检测地点</td><td colspan="2"></td><td colspan="2">检测项目</td><td></td><td>检测依据</td><td></td></tr>
<tr><td>仪器名称</td><td colspan="2"></td><td colspan="2">室温（℃）</td><td></td><td>相对湿度RH（%）</td><td></td></tr>
<tr><td rowspan="2">溶液温度t（℃）</td><td colspan="2" rowspan="2"></td><td colspan="2" rowspan="2">标准缓冲溶液pH</td><td colspan="3"></td></tr>
<tr><td colspan="3"></td></tr>
<tr><td rowspan="7">分析数据</td><td>样品编号</td><td>序号</td><td>加液体积V（mL）</td><td>pH</td><td>平均值</td><td>实测绝对差</td><td>允许绝对差</td></tr>
<tr><td rowspan="2"></td><td></td><td></td><td></td><td rowspan="2"></td><td rowspan="2"></td><td rowspan="2"></td></tr>
<tr><td></td><td></td><td></td></tr>
<tr><td rowspan="2"></td><td></td><td></td><td></td><td rowspan="2"></td><td rowspan="2"></td><td rowspan="2"></td></tr>
<tr><td></td><td></td><td></td></tr>
<tr><td rowspan="2"></td><td></td><td></td><td></td><td rowspan="2"></td><td rowspan="2"></td><td rowspan="2"></td></tr>
<tr><td></td><td></td><td></td></tr>
<tr><td>样品pH</td><td colspan="7">注意：结果保留1位有效数字</td></tr>
<tr><td>安全评价结果</td><td colspan="7"></td></tr>
</table>

检验人： 校核人：

三、考核评价

灌溉水的 pH 测定与评价考核评分标准

考核内容（100分）	考核重点	得分
仪器准备（5分）	仪器预热（5分）	
试样量取（15分）	器材的正确使用（5分）	
	样品量取操作规范（5分）	
	取样量准确（5分）	
标准溶液的配制（20分）	溶液配制准确（10分）	
	容量瓶正确使用（10分）	
酸度计的操作（20分）	正确校正仪器（10分）	
	正确使用标准溶液（5分）	
	校正测定操作规范（5分）	
数据读取及分析（35分）	样品测定操作准确（10分）	
	正确读取数值（5分）	
	相关误差符合要求（10分）	
	原始记录准确、及时、规范（8分）	
	结果及有效数字保留准确（2分）	
其他操作（5分）	按规定着装（1分）	
	操作时间是否在规定的时间内完成（2分）	
	操作环境是否及时清洁，注意操作安全（2分）	
总分		

后续技能操作的评分标准可扫描相应的二维码获取。

技能操作二　土壤电导率测定与评价

资料单

一、原理

取自然风干的土壤样品，以1∶5（*m/V*）的比例加入水，在20℃ ± 1℃的条件下振荡提取，测定25℃ ± 1℃条件下提取液的电导率。

当两个电极插入提取液时，可测出两个电极间的电阻。温度一定时，该电阻值*R*与电导率*K*呈反比，即$R=Q/K$。当已知电导池常数*Q*时，测量提取液的电阻，即可求得电导率。

本操作参考HJ 802—2016《土壤　电导率的测定　电极法》。

二、试剂和材料

除非另作说明，本方法所用试剂均为分析纯。

（1）实验用水：25℃的电导率不高于0.2mS/m。

（2）氯化钾（KCl）：优级纯，使用前应于220℃ ± 10℃下干燥24h。

（3）氯化钾标准储备液（0.100mol/L）：准确称取7.456g（精确至0.001g）氯化钾（2）溶于20℃适量的水中，全量转入1000mL容量瓶，用实验用水（1）定容至刻度，混匀，转入密闭聚乙烯瓶中保存；临用现配。该溶液在25℃时电导率为1290mS/m。亦可直接购买市售有证标准溶液。

（4）氯化钾标准使用液（0.01mol/L）：将氯化钾标准储备液（3）用20℃水稀释10倍，制备成氯化钾标准溶液，转入密闭聚乙烯瓶中保存，临用现配。该溶液在25℃时电导率为141mS/m。

三、仪器和设备

（1）电导率仪：具有可调节量程设定和温度校正功能，仪器测量误差不超过1%。

（2）分析天平：精度分别为0.01g 和0.001g。

（3）温度计：精度为0.1℃。

（4）往复式水平恒温振荡器：20℃ ± 1℃，180r/min，振幅不小于5cm。

（5）振荡瓶：250mL，硼硅玻璃或聚乙烯材质。

（6）离心机：0 ~ 4000r/min。

（7）聚乙烯离心管：100mL。

（8）样品筛：2mm，尼龙材质。

四、分析步骤

1.样品的采集与保存

将采集好的土壤样品送至实验室，并置于托盘中，于室温条件下风干。

2.样品的制备

对风干后的土壤样品进行缩分、磨碎再过2mm样品筛。

3.试样的处理

称取20.00g土壤样品于250mL振荡瓶中，加入20℃ ± 1℃的100mL水，盖上瓶盖，放在往复式水平恒温振荡器上，于20℃ ± 1℃振荡30min。取下振荡瓶静置30min后，将上清液经定性滤纸过滤（或将提取液在3000r/min条件下离心分离30min），滤液收集于100mL烧杯中，待测。

4.空白试样的处理

不称取样品，直接于250mL振荡瓶中加入20℃ ± 1℃的100mL水，按照与试样的处理相同步骤处理空白试样。

5.电导池常数的测定

用氯化钾标准使用液冲洗电导池三次，再将电导池插入该50mL标准使用液，置于25℃ ± 1℃恒温水浴中15min，测定该标准使用溶液的电阻R_{KCl}。更换同样体积标准使用溶液后再进行测定，重复至少3次以上，使电阻R_{KCl}稳定在 ± 2%范围内，取3次连续重复测定的平均值$\bar{R}_{KCL}$，按照下式计算氯化钾标准使用液在25℃时的电导池常数Q（对于已知电导常数的电极，则不需再测定电导常数，直接根据仪器说明进行校准后测定即可）。

$$Q = 141 \times \bar{R}_{KCl}$$

式中　Q——氯化钾标准使用液在25℃时的电导池常数；

$\bar{R}_{KCL}$——氯化钾标准使用液在25℃时重复测定的电阻平均值，Ω；

141——氯化钾标准使用液在25℃时对应的电导率值，mS/m。

6.试样的测定

用水冲洗电极数次，再用待测液冲洗电极。将电极插入待测液，按照电导率仪的使用说明要求，将温度校正为25℃，测定土壤待测液的电导率。直接从电导率仪上读取电导率值，同时记录提取液的温度。每个试样至少做两个重复。

7.空白试样的测定

按照与试样测定相同的步骤测定空白试样的电导率。

五、结果分析

直接从仪器读数获得提取液的电导率值，并将多次重复取平均值，单位以mS/m表示。当测定结果大于或等于100mS/m时，保留三位有效数字；当测定结果小于100mS/m时，保留至小数点后一位。

六、精密度

（1）空白试样电导率值不应超过1mS/m。否则，应查找原因，重新测定。

（2）当样品测定值小于等于50mS/m时，在重复性条件下获得的两次独立测定结果不得超过5mS/m；当样品测定值为50～200mS/m时，在重复性条件下获得的两次独立测定结果不得超过20mS/m；当样品测定值大于等于200mS/m时，在重复性条件下获得的两次独立测定结果不得超过算术平均值的10%。

任务单

一、任务要求

土壤水溶性盐的测定分水溶性盐的提取和浸出液盐分的测定两部分。在进行土壤水溶性盐提取时应特别注意水土比例、振荡时间和提取方式，它们对盐分溶出量都有一定影响。目前在我国采用5∶1浸提法较为普遍。盐分的测定主要采用电导法和烘干法，其中以电导法较简便，快速，烘干法较准确，但操作烦琐费时。本实验采用水土比5∶1浸提，电导法测定水溶性盐总量。电导法测定原理是土壤水溶性盐是强电解质，其水溶液具有导电作用，在一定浓度范围内，溶液的含盐量与电导率呈正相关，因此通过测定待测液电导率的高低即可测出土壤水溶性盐含量。

二、任务实施

（一）分组讨论，制定工作方案、确定人员分工

填写方案设计表（附表1）。

（二）试剂配制、仪器设备的准备

1.试剂配制

填写试剂配制表（附表2）。

2.仪器设备

填写所需仪器设备统计表（附表3）。

（三）实验操作

按照资料单中的分析步骤进行操作。

（四）填写原始数据

土壤电导率测定与评价原始数据记录单

<table>
<tr><td>样品名称</td><td colspan="2"></td><td colspan="3">样品编号</td><td colspan="2"></td><td>样品质量（g）</td><td colspan="2"></td></tr>
<tr><td>取样日期、时间</td><td colspan="2"></td><td colspan="3">取样地点</td><td colspan="2"></td><td>样品保存方法</td><td colspan="2"></td></tr>
<tr><td>检测地点</td><td colspan="2"></td><td colspan="3">检测项目</td><td colspan="2"></td><td>检测依据</td><td colspan="2"></td></tr>
<tr><td>仪器名称</td><td colspan="2"></td><td colspan="3">室温（℃）</td><td colspan="2"></td><td>相对湿度RH（%）</td><td colspan="2"></td></tr>
<tr><td>电导率常数Q</td><td colspan="2"></td><td colspan="3">温度补偿</td><td colspan="2"></td><td>浸提剂</td><td colspan="2"></td></tr>
<tr><td rowspan="4">测定结果</td><td>样品名称</td><td colspan="2">序号</td><td>提取液温度（℃）</td><td colspan="2">电导率检测值（mS/m）</td><td colspan="2">平均值（mS/m）</td><td>实际误差</td><td>允许误差</td></tr>
<tr><td rowspan="2">试样</td><td colspan="2"></td><td></td><td colspan="2"></td><td colspan="2" rowspan="2"></td><td rowspan="2"></td><td rowspan="2"></td></tr>
<tr><td colspan="2"></td><td></td><td colspan="2"></td></tr>
<tr><td colspan="10">空白电导率检测值（mS/m）</td></tr>
<tr><td>计算公式及单位换算</td><td colspan="10"></td></tr>
<tr><td>测定结果</td><td colspan="10">注意：当测定结果大于或等于100mS/m时，保留三位有效数字；当测定结果小于100mS/m时，保留至小数点后一位</td></tr>
<tr><td>安全评价结果</td><td colspan="10"></td></tr>
<tr><td colspan="5">检验人：</td><td colspan="6">校核人：</td></tr>
</table>

三、考核评价

土壤电导率测定与评价考核评分标准

技能操作三　农田空气中氮氧化物测定与评价

资料单

一、原理

农田空气中的氮氧化物主要是一氧化氮和二氧化氮。空气中的二氧化氮被采样吸收瓶中的吸收液中对氨基苯磺酸吸收并发生重氮化反应后，再与盐酸萘乙二胺偶合，生成玫瑰红色偶氮染料。空气中的一氧化氮不与吸收液反应，空气通过氧化管时被酸性的高锰酸钾溶液氧化为二氧化氮，再参与染色反应。生成的偶氮染料在波长540nm处的吸光度与二氧化氮的含量成正比，用分光光度法定量。

本操作参考HJ 479—2009《环境空气　氮氧化物（一氧化氮和二氧化氮）的测定　盐酸萘乙二胺分光光度法》。

二、试剂和材料

除非另作说明，本方法所用试剂均为分析纯，实验用水均为无亚硝酸根的蒸馏水、去离子水或相当纯度的水。

（1）冰乙酸。

（2）盐酸羟胺溶液（ρ =0.2～0.5g/L）。

（3）硫酸溶液（$c_{1/2H_2SO_4}$= 1mol/L）：取15mL浓硫酸（ρ =1.84g/mL），徐徐加入500mL水中，搅拌均匀，冷却备用。

（4）酸性高锰酸钾溶液（ρ =25g/L）：称取25g高锰酸钾于1000mL烧杯中，加入500mL水，稍微加热使其全部溶解，然后加入硫酸溶液（3）500mL，搅拌均匀，贮于棕色试剂瓶中。

（5）*N*-（1-萘基）-乙二胺盐酸盐储备液（ρ =1.00g/L）：称取0.50g *N*-（1-萘基）-乙二胺盐酸盐于500mL烧杯中，加少量水溶解，后转移至500mL容量瓶中，用水稀释至刻度。此溶液贮于密闭的棕色瓶中，在冰箱中冷藏，可稳定保存三个月。

（6）显色液：称取5.0g对氨基苯磺酸溶解于约200mL 40～50℃热水中，后将溶液冷却至室温，再全部移入1000mL容量瓶中，加入50mL *N*-（1-萘基）-乙二胺盐酸盐储备液和50mL冰乙酸，用水稀释至刻度。此溶液贮于密闭的棕色瓶中，在25℃以下暗处存放，可稳定保存三个月。若溶液呈现淡红色，应弃之重配。

（7）吸收液：采样时，将显色液（6）和水按4∶1（体积比）比例混合，即为吸收液。

（8）亚硝酸钠标准储备液（ρ =250μg/mL）：准确称取0.3750g亚硝酸钠（$NaNO_2$，优级纯，预先在干燥器内放置24h以上），溶解于水，移入1000mL容量瓶中，用水稀释至刻度。此溶液贮于密闭的棕色瓶中，于暗处存放，可稳定保存三个月。

（9）亚硝酸钠标准工作溶液（ρ =2.5μg/mL）：准确吸取亚硝酸钠标准储备液1.00mL于100mL容量瓶中，用水稀释至刻度。临用现配。

三、仪器和设备

（1）分光光度计。

（2）空气采样器：流量范围0.1 ~ 1.0L/min。

（3）吸收瓶：可装10mL吸收液的多孔玻板吸收管。图1所示为较为合适的两种吸收瓶。使用棕色吸收管或采样过程上吸收管外罩黑色避光罩。

（4）氧化管：可装10mL酸性高锰酸钾溶液的洗气瓶。使用后用盐酸羟胺溶液浸泡洗涤。图2所示为较为合适的两种氧化瓶。

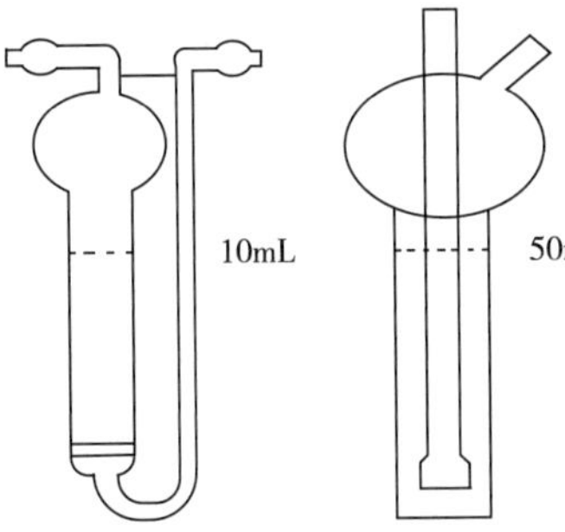

图 1　多孔波板吸收瓶示意图

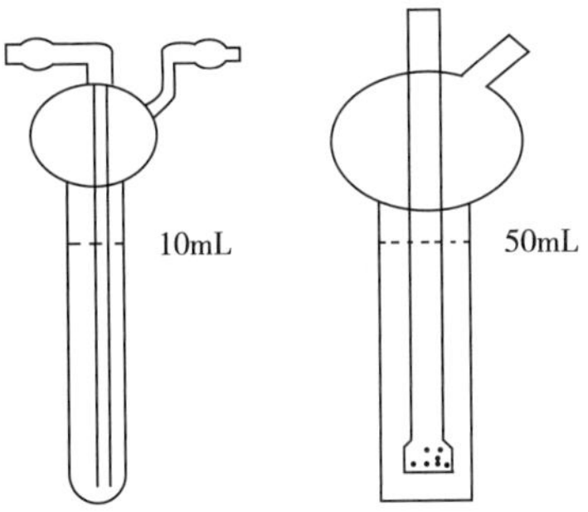

图 2　氧化瓶示意图

四、分析步骤

1.样品的采集

（1）短时间采样（1h以内）　取两支内装10.0mL吸收液的多孔筛板吸收瓶和一支内装10mL酸性高锰酸钾溶液的氧化瓶，用尽量短的硅胶管将氧化瓶串联在两支吸收管之间，见图3，以0.4L/min流量采样4 ~ 24L。

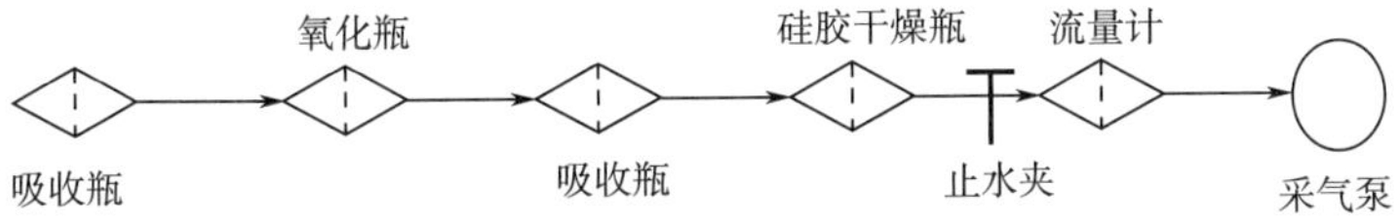

图 3　手工采样系列示意图

（2）采样要求　采样前应检查采样系统的气密性，用皂膜流量计校准，采样流量的相对误差应小于 ± 5%。

采样期间吸收液应避光，且不能长时间暴露在空气中，以防止光照时吸收液显色或吸收空气中的氮氧化物而使试管空白值增高。

（3）现场空白　装有吸收液的吸收瓶带到采样现场，与样品在相同的条件下采样、保存。

（4）样品的保存　样品采集之后应避光保存，样品采集后及时分析。若不能及时测定，将样品于低温暗处存放，于30℃存放可稳定8h。

2.标准曲线的绘制

取6支10mL具塞比色管，按表1所列数据配制标准系列。

表1　亚硝酸钠标准系列

管号	0	1	2	3	4	5
标准工作液（mL）	0	0.40	0.80	1.20	1.60	2.00
水（mL）	2.00	1.60	1.20	0.80	0.40	0.00
显色液（mL）	8.00	8.00	8.00	8.00	8.00	8.00
NO_2^-含量（μg/mL）	0.00	0.10	0.20	0.30	0.40	0.50

根据上表分别移取亚硝酸钠标准工作液，加水至2mL，加入显色液8mL。各管混匀，于暗处放置20min，在540nm波长处用1cm比色皿，以水为参比，测定吸光度。以吸光度为纵坐标，相应的标准溶液中NO_2^-含量（μg/mL）为横坐标，绘制标准曲线。

3.空白试验

（1）实验室空白试验　取未经采样的空白吸收液，在540nm波长处用1cm比色皿，以水为参比，测定其吸光度。

（2）现场空白　同（1）相同步骤测定吸光度。

4.样品测定

采样后放置20min，用水将采样管中吸收液的体积补充至50mL标线，混匀。在540nm波长处用1cm比色皿，以水为参比，测定其吸光度。

五、结果分析

（1）空气中二氧化氮的浓度ρ_{NO_2}（mg/m³），按下式计算：

$$\rho_{NO_2}=\frac{(A_1-A_0-a)\times V\times D}{b\times f\times V_0}$$

（2）空气中一氧化氮的浓度ρ_{NO}（mg/m³）以二氧化氮计，按下式计算：

$$\rho_{NO}=\frac{(A_2-A_0-a)\times V\times D}{b\times f\times V_0\times K}$$

ρ'_{NO}（mg/m³）以一氧化氮计，按下式计算：

$$\rho'_{NO}=\frac{\rho_{NO}\times 30}{46}$$

（3）空气中氮氧化物的浓度ρ_{NO_x}（mg/m^3）按下式计算：

$$\rho_{NO_x}=\rho_{NO_2}+\rho_{NO}$$

式中 A_1、A_2——分别为串联的第一支和第二支吸收管中样品的吸光度；

A_0——实验室空白的吸光度；

b——标准曲线的斜率，吸光度·mL/μg；

a——标准曲线的截距；

V——采样用吸收液体积，mL；

V_0——换算为标准状态（101.325kPa，273K）下的采样体积，L；

K——一氧化氮转换为二氧化氮的氧化系数，0.68；

D——样品的稀释倍数；

f——Saltzman实验系数，0.88（当空气中二氧化氮浓度高于0.72 mg/m^3时，f取值0.77）。

六、精密度

在重复性条件下获得的多次独立测定结果的相对标准偏差小于10%（因为时间关系，在实验过程中可不做验证）。

任务单

一、任务要求

采用分光光度法完成空气中二氧化氮含量的测定，掌握大气采样、显色、测定方法，会进行标准溶液、标准使用液的配置，能规范熟练操作可见分光光度计，能利用分光光度计对样品及标准溶液中亚硝酸盐进行检测，能准确计算所采气体中二氧化氮的含量。

二、任务实施

（一）分组讨论，制定工作方案、确定人员分工

填写方案设计表（附表1）。

（二）试剂配制、仪器设备的准备

1.试剂配制

填写试剂配制表（附表2）。

2.仪器设备

填写所需仪器设备统计表（附表3）。

（三）实验操作

按照资料单中的分析步骤进行操作。

（四）填写原始数据

大气中二氧化氮含量的检测原始数据记录单

<table>
<tr><td>样品名称</td><td colspan="3"></td><td colspan="3">样品编号</td><td colspan="2"></td><td colspan="2">采样时间（min）</td><td colspan="2"></td></tr>
<tr><td>检测地点</td><td colspan="3"></td><td colspan="3">检测项目</td><td colspan="2"></td><td colspan="2">检测依据</td><td colspan="2"></td></tr>
<tr><td>仪器名称</td><td colspan="3"></td><td colspan="3">室温（℃）</td><td colspan="2"></td><td colspan="2">相对湿度 RH（%）</td><td colspan="2"></td></tr>
<tr><td rowspan="4">分析数据</td><td>序号</td><td>1</td><td>2</td><td>3</td><td>4</td><td>5</td><td>6</td><td>7</td><td>8</td><td>9</td><td>样1</td><td>样2</td></tr>
<tr><td>体积（mL）</td><td></td><td></td><td></td><td></td><td></td><td></td><td></td><td></td><td></td><td></td><td></td></tr>
<tr><td>质量（μg）</td><td></td><td></td><td></td><td></td><td></td><td></td><td></td><td></td><td></td><td></td><td></td></tr>
<tr><td>吸光度</td><td></td><td></td><td></td><td></td><td></td><td></td><td></td><td></td><td></td><td></td><td></td></tr>
<tr><td>计算公式</td><td colspan="12"></td></tr>
<tr><td>所采集气体中二氧化氮含量（mg/m³）</td><td colspan="12">注意：结果保留2位有效数字</td></tr>
<tr><td>安全评价结果</td><td colspan="12"></td></tr>
</table>

检验人：　　　　　　　　　　校核人：

三、考核评价

农田空气中氮氧化物测定与评价考核评分标准

粮农作物生产安全评价知识点在线测试

原子吸收检测重金属仿真

考核项目二
投入品（除种子外其他）调查与评价

技能操作一 化肥施用情况调查与评价

资料单

一、目的

化肥作为农业生产的一大催化剂，在给农作物带来丰产的同时，也给农业生产环境带来一些负面影响。通过对土壤中化肥施用情况进行调查，收集农业生产施肥情况数据，进行分析并评价测土配方施肥效果与技术准确度，从而反馈修正肥料配方。通过化肥施用情况调查与分析，便于落实农业部制定的化肥农药零增长行动方案，推进农业生产绿色化、优质化，促进农业可持续发展。同时通过评价结果，实行按照作物生长发育需要和土壤肥力状况，合理地确定施肥种类、数量、时间和施肥方式，最大限度地提高化肥利用率，起到节本增效、增产增收的作用，并能改善土壤污染的环境问题。

二、调查内容

以某一粮食生产区域为调查对象，针对以下内容进行调查。

1.化肥使用的现状调查

针对某一区域内本年度主要的化肥（包括氮肥、磷肥、钾肥）的种类、施用量、施肥的方式、施肥结构，通过走访或调查问卷的方式进行调查总结。

2. 调查施肥结构的变化

针对某一种类粮食作物的施肥结构的变化，特别是有机肥占比的变化进行调查与总结。

3.土壤肥力水平调查

随机针对某一粮食生产区域的田间土壤进行采样，分析土壤中有效氮、速效磷、速效钾及土壤有机质含量，判断土壤的肥力水平现状。

4. 土壤重金属污染现状调查

随机针对某一粮食生产区域的田间土壤进行采样，分析土壤重金属铅、汞、镉、镍、铬等的含量，判断土壤的污染现状。

三、调查分析与评价步骤

1. 施肥现状分析

针对某一区域内本年度主要化肥（包括氮肥、磷肥、钾肥）的种类、施用量、施肥的方式、施肥结构的调查结果，进行列表分析，并进行说明。

2. 测土配方施肥对施肥方式影响分析

针对某一种类粮食作物施肥结构的变化，特别是有机肥占比变化的调查结果进行评价分析，包括：有机肥与化肥使用的结构组成变化；有机肥的种类；肥料利用率的提高等方面。

3.土壤肥力水平评价分析

随机针对某一粮食生产区域的田间土壤进行采样，分析土壤中有效氮、速效磷、速效钾及土壤有机质含量，判断土壤的肥力水平现状。

4. 土壤重金属污染现状调查

随机针对某一粮食生产区域的田间土壤进行采样，分析土壤重金属铅、汞、镉、镍、铬等的含量，依据土壤质量要求判断土壤的污染水平。

四、技能要求

根据调查分析与评价结果编写评价报告，并分析施肥存在的问题，提出有效的建议。

任务单

一、任务要求

为掌握农作物肥料施用及运筹状况，对作物施肥情况进行了调查与分析，为科学施肥提供理论依据。

二、任务实施

（一）分组讨论，制定工作方案、确定人员分工

填写方案设计表（附表1）。

（二）仪器设备的准备

填写所需仪器设备统计表（附表2）。

（三）实验操作

按照资料单中的调查分析与评价步骤进行操作。

（四）填写原始数据

化肥施用情况调查与评价原始数据记录单

<table>
<tr><td>调查时间</td><td colspan="2"></td><td>详细地址</td><td colspan="2"></td><td>总种植面积</td><td colspan="5"></td></tr>
<tr><td>种植户</td><td colspan="2"></td><td>联系电话</td><td colspan="2"></td><td>地块类型</td><td colspan="5"></td></tr>
<tr><td>种植模式</td><td colspan="2"></td><td>种植面积（亩）</td><td colspan="2"></td><td>作物名称</td><td colspan="5"></td></tr>
<tr><td>需要解决的问题</td><td colspan="11"></td></tr>
<tr><td>需要提供怎样的农化服</td><td colspan="11"></td></tr>
<tr><td rowspan="3">种植季</td><td rowspan="3">常用肥料名称</td><td rowspan="3">每亩每季施用量（kg/亩）</td><td colspan="3">养分含量</td><td rowspan="3">产量（kg/亩）</td><td colspan="5" rowspan="2">重金属污染是否超标</td></tr>
<tr><td rowspan="2">N(氮)（kg/亩）</td><td rowspan="2">P(磷)（kg/亩）</td><td rowspan="2">K(钾)（kg/亩）</td></tr>
<tr><td>铅</td><td>汞</td><td>镉</td><td>镍</td><td>铬</td></tr>
<tr><td>第一季</td><td></td><td></td><td></td><td></td><td></td><td></td><td></td><td></td><td></td><td></td><td></td></tr>
<tr><td>第二季</td><td></td><td></td><td></td><td></td><td></td><td></td><td></td><td></td><td></td><td></td><td></td></tr>
<tr><td>第三季</td><td></td><td></td><td></td><td></td><td></td><td></td><td></td><td></td><td></td><td></td><td></td></tr>
<tr><td>第四季</td><td></td><td></td><td></td><td></td><td></td><td></td><td></td><td></td><td></td><td></td><td></td></tr>
<tr><td>安全评价结果分析</td><td colspan="11"></td></tr>
<tr><td colspan="6">调查人：</td><td colspan="6">校核人：</td></tr>
</table>

三、考核评价

化肥施用情况调查与评价考核评分标准

技能操作二 农药施用情况调查与评价

资料单

一、目的

农药和化肥作为农业生产的催化剂，在给农作物带来丰产的同时，也给农业生产环境带来一些负面影响。通过对粮食生产中农药施用情况进行调查，收集农业生产过程中农药施用情况数据，进行分析并评价农药施用安全与对农业生产环境的影响，从而反馈修正农药施用的准确途径与方法。通过农药施用情况调查与分析，便于落实中华人民共和国农业农村部制定的《到2020年农药使用量零增长行动方案》，推进农业生产绿色化、优质化，促进农业可持续发展。同时通过评价结果，实行按照作物生长发育和病虫害防治需要，合理地确定农药施用种类、数量、时间和施用方式，最大限度地提高农药利用率，起到节本增效、增产增收的作用，并能改善土壤污染的环境问题。

二、调查内容

以某一粮食生产区域为调查对象，针对以下内容进行调查。

1. 农药使用的现状调查

针对某一区域内本年度主要的农药（包括杀虫剂、除螨剂、除草剂等）品种种类、施用量、施用的方式、施用结构，通过走访或调查问卷的方式进行调查总结。

2. 调查农药施用结构的变化

针对某一种类粮食作物生长进展施用农药的品种变化，特别是生物农药占比的变化进行调查与总结。

3. 土壤中有机农药污染现状调查

随机针对某一粮食生产区域的田间土壤进行采样，分析土壤中农药总含量，判断土壤的污染现状。

三、调查分析与评价步骤

1. 农药现状分析

针对某一区域内本年度主要的农药（包括杀虫剂、除螨剂、除草剂等）品种种类、施用量、施用的方式、施用结构的调查结果，进行列表分析，并进行说明。

2. 调查农药施用结构的变化分析

针对某一种类粮食作物生长进展施用农药的品种变化，特别是生物农药占比的变化的调查结果进行评价分析，说明无公害农业生产过程中对农药施用的影响。

3. 土壤中有机农药污染现状调查

随机针对某一粮食生产区域的田间土壤进行采样，分析土壤中农药总含量调查结果，依据土壤质量要求判断土壤的污染水平。

四、技能要求

根据调查分析与评价结果编写评价报告，并分析农药施用存在的问题，提出有效的建议。

任务单

一、任务要求

为掌握农作物农药施用及运筹状况，对作物施药情况进行了调查与分析，为科学施药提供理论依据。

二、任务实施

（一）分组讨论，制定工作方案、确定人员分工

填写方案设计表（附表1）。

（二）仪器设备的准备

填写所需仪器设备统计表（附表2）。

（三）实验操作

按照资料单中的调查分析与评价步骤进行操作。

（四）填写原始数据

农药施用情况调查与评价原始数据记录单

调查时间		详细地址		总种植面积	
种植户		联系电话		地块类型	
种植模式		种植面积（亩）		作物名称	

续表

需要解决的问题								
需要提供怎样的农化服								
种植季	常用农药名称	使用方法及用量	施药目的（在对应目的下打√）				农药残留量是否超标	
			除草	杀虫	杀菌	其他		
第一季								
第二季								
第三季								
第四季								
安全评价结果分析								
调查人：				校核人：				

三、考核评价

农药施用情况调查与评价考核评分标准

投入品（除种子外其他）调查与评价知识点在线测试

气相色谱检测废水中的苯仿真

考核项目三
产地环境监管与评价

技能操作 农田水环境监管与评价

资料单

一、原则

农产品特别是粮食产品必须符合食品生态环境质量标准，粮食生产的产地环境包括大气、水、土壤环境，本实验主要针对水环境进行评价说明。

依据各水环境监测标准进行农田水环境进行采样监测分析，依据农田水环境质量标准要求，评价水环境的质量现状。

二、评价步骤

1. 监测分析

（1）采样 依据农用水源环境质量监测采样技术规范要求，根据布点要求随机采取所在地农田区域的地表水体的表水瞬时水样进行混合作为实验水样，密闭采样瓶保存后备用。

（2）分析测定 水环境监测指标的各项分析方法如表 1 所示。

表 1 食用农产品水环境质量评价标准选配分析方法

项目	方法	标准
五日生化需氧量	稀释与接种法	HJ 505—2009
化学需氧量	重铬酸盐法	HJ 828—2017
悬浮物	重量法	GB 11901—1989
阴离子表面活性剂	亚甲基蓝分光光度法	GB 7494—1987
pH	玻璃电极法	GB 6920—1986
水温	温度计	GB 13195—1991
全盐量	重量法	HJ/T 51—1999
氯化物	硝酸银滴定法	GB 11896—1989
硫化物	亚甲基蓝分光光度法	GB 16489—1996
总汞	冷原子吸收分光光度法	HJ 597—2011
镉	原子吸收分光光度法	GB 7475—1987

续表

项目	方法	标准
砷	硼氢化钾-硝酸银分光光度法	GB 11900—1989
六价铬	二苯碳酰二肼分光光度法	GB 7467—1987
铅	原子吸收分光光度法	GB 7475—1987
铜	原子吸收分光光度法	GB 7475—1987
锌	原子吸收分光光度法	GB 7475—1987
总硒	2，3-二氨基萘荧光法	GB 11902—1989
氟化物	离子选择电极法	GB 7484—1987
氰化物	硝酸银滴定法	HJ 484—2009
石油类和动植物油	红外光度法	HJ 637—2012
挥发酚	4-氨基安替比林分光光度法	HJ 503—2009
苯系物	气相色谱法	GB 11890—1989

根据水质特点，选择主要监测指标和评价指标进行测定分析。

2. 评价指标选取

评价指标分为严格控制指标和一般控制指标。根据污染调查确定主要的评价的指标。如表2所示。

表 2　农产品产地水环境质量评价指标分类

项目	严格控制指标	一般控制指标
灌溉水	pH、总汞、总镉、总砷、六价铬、总铅	五日生化需氧量、化学需氧量、悬浮物、阴离子表面活性剂、水温、全盐量、氯化物、总铜、总锌、总硒、氟化物、硫化物、氰化物、石油类和动植物油、挥发酚、苯系物

3. 评价方法

（1）各类参数计算方法

单项质量指数＝单项实测值／单项标准值

单项积累指数＝单项实测值／当地单项背景值上限值

某单项分担率（%）＝（某单项质量指数／各项质量指数之和）×100%

某单项超标倍数＝（单项实测值－单项标准值）／单项标准值

超标面积率（%）＝（超标样本面积之和／监测总面积）×100%

$$各环境要素综合质量指数=\sqrt{\frac{(平均单项质量指数)^2+(最大单项质量指数)^2}{2}}$$

（2）水环境质量评价　食用农产品产地水环境质量的评价，严格控制项目依据各单项质量指数进行评定，一般控制项目参与环境综合质量指数评定。

食用农产品产地水环境质量等级划定见表3，对水环境的评价如达到超标等级，可认为灌溉水已污染。

表 3　农产品产地水环境质量分级划定

质量等级	质量指数	等级名称
1	≤0.5	清洁
2	0.5~1.0	尚清洁
3	>1.0	超标

三、结果分析

1. 水环境质量指数

（1）水环境的严格控制项目的各个项目单项质量指数（按数值由高至低排列）。

（2）水环境的一般控制项目的各个项目单项质量指数（按数值由高至低排列）。

（3）水环境的综合质量指数。

2. 超标情况

（1）超标项目的超标率、超标面积数和超标面积率。

（2）超标项目的质量指数：最低值、最高值和平均值。

任务单

一、任务要求

通过选取指标、采样、测定、分析、环评的过程完成生产地水源环境的综合评价工作，掌握重点水质指标的名称以及测定的国标方法，会进行布点、采样、预处理、化学分析，能规范熟练地进行相关仪器的使用，能选取正确的数学模型对测定结果进行数据分析，能准确利用相关环境法规、标准，根据相应的分析结果进行水环境评价。

二、任务实施

（一）分组讨论，制定工作方案、确定人员分工

填写方案设计表（附表1）。

（二）试剂配制、仪器设备的准备

1.试剂配制

填写试剂配制表（附表2）。

2.仪器设备

填写所需仪器设备统计表（附表3）。

（三）实验操作

按照资料单中的评价步骤进行操作。

（四）画采样布点图

画出采样布点图，要求布点标注清晰（有比例尺）。

（五）填写指标以及原始测定数据

水质测定指标及原始数值

指标	检测依据	点1			点2			点3			点4			点5			标准限值
		1	2	3	1	2	3	1	2	3	1	2	3	1	2	3	

（六）结果报告

选取公式，进行水环境评价，生成环评报告。

公式：

环评报告：

三、考核评价

农田水环境监管与评价考核评分标准

产地环境监管与评价知识点在线测试

模块二

粮农食品加工过程安全评价

通过对粮油加工和储运、乳与乳制品加工、肉蛋及其制品加工、果蔬加工、饮料加工和水产品加工等环节的粮农食品安全评价的知识资料单的学习和任务单的操作实践，了解和掌握利用物理检测、感官鉴定和快速检测等方法对粮农食品进行检测和评价，使学生充分认识其知识和技能点对粮农食品安全评价的重要性，培养学生的职业道德、社会责任感和爱国情怀。

考核项目一
粮油加工环节检测与安全评价

技能操作一 粮食油料分样

资料单

一、原理

将原始样品（集合样品）充分混合均匀，进而缩分分取平均样品或试样的过程，即为分样。

本操作参考GB/T 5490—2010《粮油检验一般规则》。

二、样品和材料

（1）送检样品黄玉米：一等、二等、三等黄玉米中任意一种或几种，任取或各取2000g以上；符合GB 1353—2018《玉米》的要求。

（2）送检样品稻谷：籼稻谷、粳稻谷、籼糯稻谷、粳糯稻谷任意一种或几种，任取或各取2000g以上；符合GB 1350—2009《稻谷》的要求。

三、仪器和设备

（1）天平：感量0.1g。

（2）分样器。

（3）分样板。

（4）取样铲。

（5）毛刷。

（6）分析盘。

四、分析步骤

1. 送检样品的确认

（1）确认所收到的样品（集合样）的品种、等级、产地、送检单位等信息。

（2）初步称量，确认样品（集合样）的数量。

2. 分样

（1）四分法　将样品倒在光滑平坦的桌面上或玻璃板上，用两块分样板将样品摊成正方形，然后从样品左右两边铲起样品约10cm高，对准中心点同时倒落，再换一个方向同样操作（中心点不动），如此反复混合四五次，将样品摊成等厚的正方形，用分样板在样品上划两条对角线，分成四个三角形，取出其中两个对顶三角形的样品，剩下的样品再按上述方法反复分取，直至最后剩下的两个对顶三角形的样品接近所需试样重量为止。

（2）分样器法　分样器法适用于中、小粒原粮和油料分样。分样器由漏斗、分样格和接样斗等部件组成，样品通过分样格被分成两部分。分样时，将清洁的分样器放稳，关闭漏斗开关，放好接样斗，将样品从高于漏斗口约 5cm处倒入漏斗内，刮平样品，打开漏斗开关，待样品流尽后，轻拍分样器外壳，关闭漏斗开关，再将两个接样斗内的样品同时倒入漏斗内，继续照上法重复混合两次。以后每次用一个接样斗内的样品按上述方法继续分样，直至一个接样斗内的样品接近需要试样重量为止。

五、结果分析

1. 四分法结果分析

四分法的分样结果，按下式进行分析。

$$m_1=\frac{m}{4}$$

$$m_3<m_2<1.3m_1$$

式中　m——原始样品（集合样品）的质量；

m_1——试样的理论质量；

m_2——四分法的试样质量；

m_3——所需试样的最小质量。

2.分样器法结果分析

分样器法的分样结果，按下式进行分析。

$$m_1=\frac{m}{4}$$

$$m_3<m_2<1.1m_1$$

式中　m——原始样品（集合样品）的质量；

m_1——试样的理论质量；

m_2——四分法的试样质量；

m_3——所需试样的最小质量。

结果保留整数。

六、精密度

在重复性条件下，四分法获得的两次独立分样结果，不大于理论分样值的130%，不小于所需试样的90%，即可用；分样器法获得的两次独立分样结果，不大于理论分样值的110%，不小于所需试样的90%，即可用。

任务单

一、任务要求

采用四分法或分样器法完成原始样品（集合样品）的缩分，掌握原始样品（集合样品）信息确认、分样方法，会利用四分法、分样器法进行分样，能规范熟练操作分样器、分样板等，能准确计算样品缩分后的量，并判断缩分过程是否规范。

二、任务实施

（一）分组讨论，制定工作方案、确定人员分工

填写方案设计表（附表1）。

（二）原料配置、仪器设备的准备

1.原料配置

填写原料配置表（附表4）。

2.仪器设备

填写所需仪器设备统计表（附表3）。

（三）实验操作

按照资料单中的分析步骤进行操作。

（四）填写原始数据

粮食油料分样原始数据记录单

样品名称		样品编号		样品质量（g）	
检测地点		检测项目		检测依据	
仪器名称		室温（℃）		相对湿度RH（%）	
分析数据	序号	m	m_1	m_2	m_3
	质量（g）				
计算公式					
分样结果（g）	注意：结果保留整数				
安全评价结果					
检验人：			校核人：		

三、考核评价

粮食油料分样（四分法）考核评分标准

粮食油料分样（分样器法）考核评分标准

技能操作二　杂质、不完善粒检验

资料单

一、原理

杂质是指夹杂在粮食、油料中没有使用价值的物质和影响粮食、油料质量的异种粮粒。

不完善粒是指有虫蚀、病斑、生芽、生霉、破损、冻伤、热损伤或未熟等缺陷但仍有使用价值的粮食、油料颗粒的统称。

本操作参考GB/T 5494—2019《粮油检验　粮食、油料的杂质、不完善粒检验。》

二、仪器和用具

（1）天平：感量0.01g、0.1g、1g。

（2）谷物选筛。

（3）电动筛选器。

（4）分样器或分样板。

（5）分析盘、毛刷、镊子等。

三、照明要求

操作过程中照明条件应符合GB/T 22505—2008《粮油检验　感官检验环境照明》的要求。

四、样品制备

检验杂质的试样分为大样、小样两种。大样用于检验大样中的杂质，包括上层筛上的大型杂质和下层筛的筛下物；小样是从检验过大样杂质的样品中分出少量试样，检验与粮粒大小相似的杂质（并肩杂质）、不完善粒等。按GB 5491—1985《粮食、油料检验　扦样、分样法》的规定分取试样至表1规定的试样用量。

表1　杂质检验试样用量规定表

粮食、油料名称	大样质量（g）	小样质量（g）
小粒：粟、芝麻、油菜籽、亚麻籽等	约500	约10
中粒：稻谷、小麦、高粱、小豆、棉籽、黍、稷、荞麦、裸大麦、莜麦、绿豆等	约500	约50
大粒：大豆、玉米、豌豆、葵花籽、小粒蚕豆等	约500	约100
特大粒：花生、蓖麻籽、桐籽、茶籽、文冠果、大粒蚕豆等	约1000	约200
其他：甘薯片等	约500～1000	

五、分析步骤

1.大样杂质检验

从送检样品中，按照表2的规定用量分取大样试样并称量（m），精确至1g，按规定的筛选法分两次进行筛选（特大粒粮食、油料分四次筛选），然后拣出筛上大型杂质和筛下物合并称量（m_1），精确至0.01g（小麦大型杂质在4.5mm筛上检出）。

（1）电动筛选器法　按质量标准中规定的筛层套好（大孔筛在上，小孔筛在下，套上筛底）。按规定称取试样放入筛上，盖上筛盖，放在电动筛选器上，接通电源，选筛自动地向左、向右各筛1min，110～120r/min，筛后静置片刻，将上层筛筛上物和下层筛筛下物分别倒入分析盘，卡在筛孔中间的颗粒属于筛上物。

（2）手筛法　按照上法将筛层套好，倒入试样，盖好筛盖，然后将选筛放在光滑的桌面上，用双手以110～120次/min的速度，按顺时针方向和反时针方向各筛动1min，筛动的范围掌握在选筛直径扩大8～10cm。筛后的操作与电动筛选器法同。

2.小样杂质检验

从检验过大样杂质的试样中，按照表2的规定用量分取小样试样并称量（m_2）。小样质量不大于100g时，精确至0.01g；小样质量大于100g时，精确至0.1g，倒入分析盘中，按质量标准的规定拣出杂质，称量（m_3），精确至0.01g。

3.矿物质检验

质量标准中规定有矿物质指标的（不包括米类），从拣出的小样杂质中拣出矿物质，称量（m_4），精确至0.01g。

4.不完善粒检验

在检验小样杂质的同时，按质量标准的规定拣出不完善粒，称量（m_5），精确至0.01g。

六、结果分析

（1）大样杂质含量（w_1）以质量分数（%）表示，按下式计算：

$$w_1 = \frac{m_1}{m} \times 100$$

式中　m_1——大样杂质质量，g；

　　m——大样质量，g。

在重复性条件下，获得的两次独立测试结果的绝对差值不大于0.3%，求其平均数即为测试结果，测试结果保留到小数点后1位。

（2）小样杂质含量（w_2）以质量分数（%）表示，按下式计算：

$$w_2 = (100 - w_1) \times \frac{m_3}{m_2}$$

式中 m_3——小样杂质质量，g；

m_2——小样质量，g。

在重复性条件下，获得的两次独立测试结果的绝对差值不大于0.3%，求其平均数，即为测试结果，测试结果保留到小数点后1位。

（3）矿物质含量（w_3）以质量分数（%）表示，按下式计算：

$$w_3 = (100 - w_1) \times \frac{m_4}{m_2}$$

式中 m_4——矿物质质量，g；

m_2——小样质量，g。

在重复性条件下，获得的两次独立测试结果的绝对差值不大于0.1%，求其平均数即为测试结果，测试结果保留到小数点后两位。

（4）杂质总量（w_4）以质量分数（%）表示，按下式计算：

$$w_4 = w_1 + w_2$$

计算结果保留到小数点后1位。

（5）不完善粒含量（w_5）以质量分数（%）表示，按下式计算：

$$w_5 = (100 - w_1) \times \frac{m_5}{m_2}$$

式中 m_5——不完善粒质量，g；

m_2——小样质量，g。

在重复性条件下，获得的两次独立测试结果的绝对差值：大粒、特大粒粮不超过1.0%；中、小粒粮不超过0.5%，求其平均数即为测试结果，测试结果保留到小数点后1位。

任务单

一、任务要求

测定样品杂质、不完善粒含量，掌握样品制备、筛选方法，会根据粮食种类分取样品进行杂质、不完善粒含量的测定，能规范熟练操作电动筛选器，能够正确区分杂质、不完善粒，能准确计算杂质、不完善粒含量。

二、任务实施

（一）分组讨论，制定工作方案、确定人员分工

填写方案设计表（附表1）。

（二）仪器设备的准备

填写所需仪器设备统计表（附表3）。

（三）实验操作

按照资料单中的分析步骤进行操作。

（四）填写原始数据

杂质、不完善粒含量检测原始数据记录单

样品名称		样品编号		样品质量（g）	
检测地点		检测项目		检测依据	
仪器名称		室温（℃）		湿度RH（%）	
分析数据					
计算公式					
检验结论					
结果评价					
检验人：			校核人：		

三、考核评价

杂质、不完善粒检验考核评分标准

技能操作三　稻谷出糙率的测定

资料单

一、原理

稻谷出糙率是指稻谷脱壳后的糙米质量占试样质量的百分率，其中不完善粒折半计算。稻谷不完善粒包括未熟粒、虫蚀粒、病斑粒、生芽粒、生霉粒。采用实验砻谷机脱壳和手工脱壳相结合方式进行稻谷脱壳，采用感官检验方法检验糙米不完善粒。分别称量稻谷试样、糙米和不完善粒的质量，计算出糙率。

本操作参考GB/T 5495—2008《粮油检验　稻谷出糙率检验》。

二、仪器和用具

（1）天平：分度值0.01g。

（2）分样器或分样板。

（3）谷物选筛：直径2.0mm圆孔筛。

（4）实验砻谷机。

（5）分析盘、镊子等。

三、分析步骤

1. 样品制备

（1）实验室样品不得少于1.0kg。

（2）按GB 5491—1985《粮食、油料检验　扦样、分样法》的方法对实验室样品进行分样，得到测试样品。

（3）将测试样品按GB/T 5494—2019《粮油检验　粮食、油料的杂质、不完善粒检验》的方法，去除杂质和谷外糙米，得到净稻谷试样。

2. 操作

从净稻谷试样中称取20 ~ 25g试样（m_0），精确至0.01g，先拣出生芽粒，单独剥壳，称量生芽粒糙米质量（m_1），然后将剩余试样用实验砻谷机脱壳，除去谷壳，称量实验砻谷机脱壳后的糙米质量（m_2），感官检验拣出糙米中的不完善粒糙米，称量不完善粒糙米质量（m_3）。

四、结果分析

稻谷出糙率按下式计算。

$$X=\frac{(m_1+m_2)-\frac{(m_1+m_3)}{2}}{m_0}\times 100$$

式中　X——稻谷出糙率，%；

m_1——生芽粒糙米质量，g；

m_2——砻谷机脱壳后的糙米质量，g；

m_3——不完善粒糙米质量，g；

m_0——试样质量，g。

五、精密度

在重复性条件下，获得的两次独立测试结果的绝对差值不大于0.5%，求其平均数，即为测试结果，测试结果保留1位小数。

任务单

一、任务要求

按照GB/T 5495—2008《粮油检验　稻谷出糙率检验》的方法完成稻谷样品中出糙率的测定，掌握样品制备方法，能规范熟练操作实验砻谷机和天平，能够利用实验砻谷机脱壳和手工脱壳相结合方式进行稻谷脱壳，拣出糙米不完善粒，分别称量稻谷试样、糙米和不完善粒的质量，能准确计算样品出糙率。

二、任务实施

（一）分组讨论，制定工作方案、确定人员分工

填写方案设计表（附表1）。

（二）样品、仪器和用具的准备

1. 样品准备

填写所需样品配置表（附表 4 ）。

2.仪器和用具

填写所需仪器设备统计表（附表3）。

（三）实验操作

按照资料单中的分析步骤进行操作。

（四）填写原始数据

稻谷出糙率测定原始数据记录单

样品名称		样品编号		样品质量（g）	
检测地点		检测项目		检测依据	
仪器名称		室温（℃）		相对湿度RH（%）	
分析数据	序号	净稻谷试样质量（m_0）（g）	生芽粒糙米质量（m_1）（g）	砻谷机脱壳后的糙米质量（m_2）（g）	不完善粒糙米质量（m_3）（g）
	样品1				
	样品2				
结果计算					
样品出糙率（%）	注意：结果保留1位小数				
安全评价结果					
检验人：			校核人：		

三、考核评价

稻谷出糙率的测定
考核评分标准

技能操作四　容重的测定

资料单

一、原理

粮食籽粒在单位容积内的质量称为容重，单位用g/L表示。

粮食容重采用国标法测定。试样经分样、筛选、去除大样杂质、均匀混合，用特定的容重器按规定的方法测定固定容重器（1L）内可盛入粮食、油料籽粒的质量。

本操作参考GB/T 5498—2013《粮油检验　容重测定》。

二、样品和材料

（1）送检样品黄玉米　等级：一等、二等、三等任意一种或几种，任取或各取2000g以上；符合GB 1353—2018《玉米》的要求。

（2）送检样品小麦　符合GB 1351—2008《小麦》五等以上任意一种或几种，任取或各取2000g以上。

三、仪器和设备

（1）天平：感量0.1g。

（2）谷物选筛。

（3）容重器：HGT-1000型容重器；HGT-1000A型容重器；GHCS-1000型容重器；水浸悬浮法容重仪。

四、分析步骤

1.试样的制备

从平均样品中分取试样约1000g，用规定的筛层进行筛选，取下层筛筛上物，与上层筛筛上物（拣出空壳和比粮粒大的杂质）合并混匀后作为测定容重的试样。筛选不同粮食试样采用的筛层规格，应符合GB/T 5498—2013《粮油检验　容重测定》中的相关规定。

2.容重测定

（1）中、小粒粮食容重的测定（以HGT-1000A型容重器为例）　取下容量筒，倒出排气砣，将容量筒安装在铁板底座上，插上插片，放上排气砣，套上中间筒。

选择漏斗直径为30mm的谷物筒，将制备的试样倒入谷物筒内，装满刮平，再将谷物筒套在中间筒上，打开漏斗开关，待试样全部落入中间筒后，关闭漏斗开关，用手握住谷物筒与中间筒的接合处，平稳的抽出插片，使试样与排气筒一同落入容量筒内，再将插片平稳地插入豁口槽中，依次取下谷物筒，拿起中间筒和容量筒，倒净插片上多余的试样，抽出插片，将容量筒放在吊环上称量。

实验完毕，清理容重器，然后将各部件依次放入箱内。

（2）玉米容重的测定（以GHCS-1000型容重器为例） 取下容量筒，倒出排气砣，将容量筒安装在铁板底座上，插上插片，放上排气砣，套上中间筒。

选择漏斗直径为40mm的谷物筒，将制备的试样倒入谷物筒，装满刮平，再将谷物筒套在中间筒上，打开漏斗开关，待试样全部落入中间筒后，关闭漏斗开关。用手握住谷物筒与中间筒的接合处，平稳迅速地抽出插片，使试样与排气砣一同落入容量筒中，再将插片平稳地插入豁口槽中，依次取下谷物筒，拿起中间筒容量筒，倒净插片上多余的试样，抽出插片，将容量筒放在秤上称量。

实验完毕，清理容重器，然后将各部件依次放入箱内。

五、结果分析

粮食容重的测定结果按下式进行计算。

$$P=\frac{X_1+X_2}{2}$$

式中 P——粮食容重，g/L；

X_1——第一次测定的结果，g；

X_2——第二次测定的结果，g。

结果取整数。

六、精密度

在重复性条件下获得的两次独立测定结果的允许差不得超过3g/L。

任务单

一、任务要求

采用国标法完成粮食样品容重的测定，掌握样品的分样、筛选、去除大样杂质、试样混匀、容重测定方法，会进行容重器的安装、调试、天平的使用，能规范熟练操作，能准确计算粮食容重，并分析测定结果的准确性。

二、任务实施

（一）分组讨论，制定工作方案、确定人员分工

填写方案设计表（附表1）。

（二）原料配置、仪器设备的准备

1.原料配置

填写粮食原料配置表（附表4）。

2.仪器设备

填写所需仪器设备统计表（附表3）。

（三）实验操作

按照资料单中的分析步骤进行操作。

（四）填写原始数据

粮食容重的测定原始数据记录单

<table>
<tr><td>样品名称</td><td colspan="2"></td><td>样品编号</td><td></td><td>样品质量(g)</td><td></td></tr>
<tr><td>检测地点</td><td colspan="2"></td><td>检测项目</td><td></td><td>检测依据</td><td></td></tr>
<tr><td>仪器名称</td><td colspan="2"></td><td>室温（℃）</td><td></td><td>相对湿度RH（%）</td><td></td></tr>
<tr><td rowspan="3">分析数据</td><td>序号</td><td colspan="2">X_1</td><td colspan="3">X_2</td></tr>
<tr><td>项目</td><td colspan="2">第一次测定结果</td><td colspan="3">第二次测定结果</td></tr>
<tr><td>质量（g）</td><td colspan="2"></td><td colspan="3"></td></tr>
<tr><td>计算公式</td><td colspan="6"></td></tr>
<tr><td>粮食样品的容重（g/L）</td><td colspan="6">注意：结果取整数</td></tr>
<tr><td>安全评价结果</td><td colspan="6"></td></tr>
</table>

检验人：　　　　　　　　　　校核人：

三、考核评价

容重的测定考核评分标准

技能操作五 油脂水分及挥发物的测定

资料单

一、原理

在103℃±2℃的条件下，对测试样品进行加热至水分及挥发物完全散尽，测定样品损失的质量。

本操作参考GB 5009.236—2016《食品安全国家标准　动植物油脂水分及挥发物的测定》。

二、仪器和设备

（1）分析天平：感量0.001g。

（2）碟子：陶瓷或玻璃的平底碟，直径80mm/90mm，深约30mm。

（3）温度计：刻度范围至少为80～110℃，长约100mm水银球加固，上端具有膨胀室。

（4）沙浴或电热板（室温～150℃）。

（5）干燥器：内含有效的干燥剂。

（6）玻璃容器：平底，直径约50mm，高约30mm。

（7）电热干燥箱：主控温度103℃±2℃。

三、分析步骤

（一）沙浴（电热板）法（第一法）

1. 试样制备

在预先干燥并与温度计一起称量的碟子中，称取试样约20g，精确至0.001g。

液体样品：对于澄清无沉淀物的液体样品，在密闭的容器中摇动，使其均匀。对于有浑浊或有沉淀物的液体样品，在密闭的容器中摇动，直至沉淀物完全与容器壁分离，并均匀地分布在油体中。检查是否有沉淀物吸附在容器壁上，如有吸附，应完全清除（必要时打开容器），使它们完全与油混合。

固体样品：将样品加热至刚变为液体，按液体试样操作，使其充分混匀。

2. 试样测定

将装有测试样品的碟子在沙浴或电热板上加热至90℃，升温速率控制在10℃/min左右，边加热边用温度计搅拌。降低加热速率观察碟子底部气泡的上升，控制温度上升至103℃±2℃，确保不超过105℃。继续搅拌至碟子底部无气泡放出。为确保水分完全散尽，重复数次加热至103℃±2℃、冷却至90℃的步骤，将碟子和温度计置于干燥器中，冷却至室温，称量，精确至0.001g。重复上述操作，直至连续两次结果不超过2mg。

同一测试样品进行两次测定。

（二）电热干燥箱法（第二法）

1. 试样准备

在预先干燥并称量的玻璃容器中，根据试样预计水分及挥发物含量，称取5g或10g试样，精确至0.001g。

2. 试样测定

将含有试样的玻璃容器置于103℃±2℃的电热干燥箱中1h，再移入干燥器中，冷却至室温，称量，准确至0.001g。重复加热、冷却及称量的步骤，每次复烘时间为30min，直到连续两次称量的差值根据测试样品质量的不同，分别不超过2mg（5g样品时）或4mg（10g样品时）。

同一测试样品进行两次测定。

重复加热多次后，若油脂样品发生自动氧化导致质量增加，可取前几次测定的最小值计算结果。

四、结果分析

水分及挥发物含量（X）以质量分数表示，按下式计算：

$$X=\frac{m_1-m_2}{m_1-m_0}\times 100$$

式中　X——水分及挥发物含量，%；

m_1——加热前碟子、温度计和测试样品的质量或玻璃容器和测试样品的质量，g；

m_2——加热后碟子、温度计和测试样品的质量或玻璃容器和测试样品的质量，g；

m_0——碟子和温度计的质量或玻璃容器的质量，g；

100——单位换算。

两次测定结果的算术平均值应符合重复性要求，计算结果保留小数点后2位。

五、精密度

在重复性条件下获得的两次独立测定结果的绝对差值不得超过算术平均值的10%。

提示：第一法［沙浴（电热板）法］适用于所有的动植物油脂；第二法（电热干燥箱法）仅适用于酸价低于4mg/g的非干性油脂，不适用于月桂酸型的油（棕榈仁油和椰子油）。

任务单

一、任务要求

学会测定动植物油脂中水分及挥发物含量的两种方法。掌握试样的制备，能规范熟练地使用分析天平进行称量，会使用沙浴或电热板以及电热干燥箱。能准确的计算样品中水分及挥发物的含量。

二、任务实施

（一）分组讨论，制定工作方案、确定人员分工

填写方案设计表（附表1）。

（二）仪器设备的准备

填写所需仪器设备统计表（附表3）。

（三）实验操作

按照资料单中的分析步骤进行操作。

（四）填写原始数据

油脂水分及挥发物的测定原始数据记录单

样品名称		样品编号		样品质量（g）	
检测地点		检测项目		检测依据	

续表

<table>
<tr><td>仪器名称</td><td colspan="2"></td><td colspan="2">室温（℃）</td><td colspan="2"></td><td>相对湿度RH（%）</td><td colspan="2"></td></tr>
<tr><td rowspan="5">分析数据</td><td rowspan="2">序号</td><td colspan="2">试样1</td><td colspan="2">试样2</td><td colspan="2">试样3</td><td colspan="2">试样4</td></tr>
<tr><td>1</td><td>2</td><td>1</td><td>2</td><td>1</td><td>2</td><td>1</td><td>2</td></tr>
<tr><td>m_0（g）</td><td></td><td></td><td></td><td></td><td></td><td></td><td></td><td></td></tr>
<tr><td>m_1（g）</td><td></td><td></td><td></td><td></td><td></td><td></td><td></td><td></td></tr>
<tr><td>m_2（g）</td><td></td><td></td><td></td><td></td><td></td><td></td><td></td><td></td></tr>
<tr><td>结果计算</td><td colspan="9"></td></tr>
<tr><td>水分及挥发物含量（%）</td><td colspan="9">注意：结果保留小数后2位</td></tr>
<tr><td>结果分析</td><td colspan="9"></td></tr>
<tr><td colspan="4">检验人：</td><td colspan="6">校核人：</td></tr>
</table>

三、考核评价

油脂水分及挥发物测定考核评分标准

粮油加工环节检测与安全评价知识点在线测试

吐司面包加工仿真

参考文献

［1］国家粮食局人事司.粮油质量检验员职业操作技能考试手册［M］.北京：中国劳动社会保障出版社，2008.

［2］国家粮食和物资储备局职业技能鉴定指导中心.农产品食品检验员粮油质量检验员（初级中级高级）（第二版）［M］.北京：中国社会出版社，2020.

［3］王兆慈.粮油食品品质分析［M］.北京：中国轻工业出版社，2000.

［4］张玉荣.粮油品质检验与分析［M］.北京：中国轻工业出版社，2016.

考核项目二 粮油储运环节检测与安全评价

技能操作一 使用温度计、电子测温仪检测气温、仓温、粮温

资料单

一、原理

同一仓房的粮食，在入仓时间、保管条件相同的条件下，原则上粮食温度基本相同。按规定在不同粮层、不同点位对粮温进行测定，对所有测温点的数据进行平均后，即可得出同一仓房的粮温。并通过将所有测温点数据与基准粮温比较，可以发现粮温异常点，并及时处理。

二、场地和材料

模拟粮仓或装有粮食的实仓1间（廒间）。

三、仪器和设备

（1）粮温计。

（2）电子测温仪。

（3）温度计：−10～50℃。

（4）温度传感器：配有测温电缆6～8m/条。

（5）百叶箱。

四、分析步骤

1. 布置气温检测点

（1）选择气温检测点位置。

（2）安装百叶窗。

（3）在箱内悬挂温度计或温度传感器。

2. 布置仓温检测点

（1）在仓内确定仓温检测点位置。

（2）设置仓温检测点的挂钩。

（3）悬挂温度计或温度传感器。

3. 布置人工粮温检测点

（1）测量粮堆尺寸。

（2）根据人工测温的布点要求及粮面尺寸，绘制粮温检测点位置平面示意图。

（3）根据人工测温点的布置要求及粮堆高度，确定粮堆垂直方向粮温检测点位置。

（4）将测温杆插入或用电缆送入器，将测温电缆送入已确定粮温检测点位置的粮堆内。

五、结果分析

粮温T_1测定结果按下式进行计算：

$$T_1=\frac{t_1+t_2+t_3+t_4+t_5}{5}$$

式中　T_1——粮温；

$t_1\sim t_5$——粮堆测温点的温度。

结果保留一位小数点。

粮仓外气温（T_w）和粮仓内仓温（T_c）通过温度计直接测量得到。

六、精密度

在重复性条件下获得的两次独立测定结果的绝对差值不得超过算术平均值的10%。

任务单

一、任务要求

采用人工方法测定粮仓的“三温”，掌握人工测定“三温”的方法，会进行百叶箱的安装、粮温检测点的布置，能规范熟练操作测温杆，电子测温仪，能熟练布置测温电缆，能利用所测各点粮温绘制“三温”图，能准确分析粮堆的温度。

二、任务实施

（一）分组讨论，制定工作方案、确定人员分工

填写方案设计表（附表1）。

（二）材料配置、仪器设备的准备

1.材料配置

填写场地材料表（附表5）。

2.仪器设备

填写所需仪器设备统计表（附表3）。

（三）实验操作

按照资料单中的分析步骤操作。

（四）填写原始数据

粮仓“三温”检查记录表

考生姓名:										考核时间:	
检查时间			气温	仓温	粮温1	粮温2	粮温3	粮温4	粮温5	备注
月	日	时									

三、考核评价

使用温度计、电子测温仪检测气温、仓温、粮温考核评分标准

技能操作二 使用害虫选筛检查储粮害虫数量

资料单

一、原理

使用两层害虫选筛对粮食样品进行筛选，将害虫与粮粒分离，计算害虫数量。

二、仪器和设备

（1）储粮害虫选筛1套。
（2）实仓或模拟仓，储存有当地主要粮食品种。
（3）当地常见的储粮害虫（活虫）若干。
（4）白瓷盘1个。
（5）毛笔1支、毛刷1把、镊子1把。

三、分析步骤

1. 设置扦样点

（1）散装粮 长方形粮面的仓房四角各设1点，墙的长边设2点，短边设1点；圆形粮面的仓房外周围均匀设点，浅圆仓设6点，筒仓和地下仓等圆形粮面设4点；柱周围、仓门内、人员进出口、排风扇口、通风道口、温度异常变化点和曾发生过虫害的部位各设1点，每点距墙0.1～0.5m。按粮堆大小应在粮面中部区域设3～10个点。

粮堆内扦样层按粮堆高度设定。粮堆高3m以下设2个扦样层，分别设置在距底部0.5m以下和距粮面0.5m以上；粮堆高3～6m的；在上下层之间等距离增设1～2个扦样层。

（2）包装粮 以货位为取样单位，根据包装粮总包数确定采样比例，500包以下的取10个采样包，500包以上的按2%确定采样包，采样包最多不超过500包。分区分层确定采样包位置，外层适当多设采样点。分区分层方法参照散装粮扦样点设置。

2. 扦样

（1）散装粮 用电动扦样器在每一采样点处分层采样，表层可人工扦样。每层扦样量不少于1kg。每层每点样品作为一个检测点的样品。

（2）包装粮 扦取包内样品，必要时可拆包或倒包采样。花生、蚕虫等大粒粮食和油料应拆包采样。每包采样不少于1kg。每包样品作为一个检测点的样品。

3. 筛选

我国粮油仓库使用的害虫选筛有上、下两层不同孔径的筛层，加筛底、筛盖共4层。上层筛孔径为2.5mm，下层筛孔径为1.5mm。

使用害虫选筛检查害虫时，首先要按筛孔大小顺序套好。从下向上的安装顺序为：筛底、1.5mm孔径筛层、2.5mm孔径筛层、筛盖。

将1kg取样点的粮油样品倒入上层选筛内。每次筛选的量不宜过多，以铺在筛面上的样品厚度来掌握，以不超过20mm为宜。然后加上筛盖，以双手水平回旋的方法筛动，每次筛动时间不低于1min（约120圈）。筛后结合手拣或使用镊子、毛笔使害虫与粮粒分离，检查筛下物中活的害虫，检出筛上活的害虫合并计数，结果以每千克样品筛出的活虫头数表示，即害虫密度。

填写储粮害虫检查记录表。

4. 注意事项

（1）检查储粮害虫时，在每个取样点扦取的粮食样品要及时筛选检查，防止样品存放后害虫逃逸。

（2）有些储粮害虫有假死性，在筛选后应把筛下物或者筛上物静置1min后，等待害虫活动时再观察害虫数量。

（3）在气温较低的季节害虫一般不活动，这时可以把害虫放在灯光下加温，然后再判定害虫是否死亡。

（4）有些害虫经筛动后会附着在筛层的外面或嵌在筛孔中，检查时应注意。

四、结果分析

储粮害虫密度按下式进行计算。

储粮害虫密度（头/kg）=每kg样品中筛上活虫头数+筛下物活虫头数

任务单

一、任务要求

使用害虫选筛检查害虫数量，掌握检查害虫扦样点的设置方法、扦样方法、害虫选筛的组合和使用方法，能按要求进行散装粮、包装粮的扦样，能正确使用害虫选筛检查害虫数量，考核时间为15min。

二、任务实施

（一）分组讨论，制定工作方案、确定人员分工

填写方案设计表（附表1）。

（二）仪器设备的准备

填写所需仪器设备统计表（附表3）。

（三）实验操作

按照资料单中的分析步骤操作。

（四）填写原始数据

表储粮害虫检查记录表

检查人：　　　　　　　　　　　　　　　　　检查时间：

害虫密度	害虫名称	数量（头）	害虫名称	数量（头）	害虫名称	数量（头）	害虫名称	数量（头）
害虫密度（头/kg）								
害虫总密度（头/kg）								

三、考核评价

使用害虫选筛检查储粮害虫数量考核评分标准

技能操作三　粮仓粮情监测–测温电缆及分机组装、温湿度监测

资料单

一、原理

粮情检测系统是利用计算机和电子技术对粮情进行检测、数据存储与分析，并通

过对储粮设备进行控制而达到改善粮情的系统。通常由检测主机、检测分机、传感器、测温电缆等硬件和粮情测控软件构成。利用现代电子技术和计算机技术，对粮食储藏过程中影响粮情变化的因素进行实时检测、数据处理，提出处理建议并予以控制的软件系统。

二、仪器和设备

（1）计算机粮情检测系统。

（2）检测系统操作说明书。

（3）平房仓（或模拟平房仓，要求安装气温、气湿检测点和仓温、仓湿检测点以及20个以上粮温检测点）。

（4）粮食或者油料（数量要能满足检测需要；可选择稻谷、小麦、玉米、油菜籽等粮油中的任何一种）。

（5）打印机（配有打印纸）。

（6）工作电源。

三、分析步骤

1. 准备工作

（1）阅读粮情监测系统说明书。

（2）检查电源　检查计算机粮情检测系统的电源连接是否符合系统安装和操作手册要求。

（3）检查各通信接口　检查各通信接口连接是否正确、可靠，且工作正常。

（4）检查温湿度传感器　检查仓内、仓外各种传感器（含测温电缆）安装是否正确、牢固。

2. 启动系统

（1）启动计算机　按顺序依次启动工作电源、计算机、检测主机等。

（2）启动粮情检测系统　按照说明书要求启动粮情检测系统软件。

3. 检测温湿度

（1）报告检测点位置（平房仓）　规定以x轴代表仓房的长度方向，y轴代表仓房的宽度方向，z轴代表仓房的高度方向（自上向下）。排序方法是：东南角最上层点为第一个检测点，采用先高度方向（z轴）、再宽度方向（y轴）、最后长度方向（x轴）的顺序。若用Q表示一个检测点，则点$Q[x, y, z]$的含义是：长度方向上第z列、宽度方向上第y行、高度方向的第z个检测点。如$Q[0, 0, 0]$为第一个检测点，$Q[0, 0, 1]$为第二个检测点，依次类推。

（2）检测温湿度　根据需要执行粮情巡测、选点检测等功能，根据要求正确检测温湿度。

4. 打印检测结果

开启打印机，打印温湿度检测结果。

5.关闭系统

（1）退出粮情检测系统　按照说明书要求退出粮情检测系统。

（2）关闭计算机　按顺序依次关闭检测主机、计算机、工作电源等。

四、结果分析

根据检测结果如实将“三温”“两湿”（气温、仓温、粮温、气湿、仓湿）记录在《粮情检查记录单》上，监测是否有粮情异常点。

任务单

一、任务要求

能按照正确顺序启动工作电源、计算机、检测主机，粮情检测系统等，进入粮情检测系统界面后，能熟练掌握各检测点对应实仓的实际位置，并检测温度、湿度，能按照正确顺序关闭计算机粮情检测系统、检测主机、计算机、工作电源等，能准确获得一张检测准确，打印完整的温湿度检测记录表。

二、任务实施

（一）分组讨论，制定工作方案、确定人员分工

填写方案设计表（附表1）。

（二）仪器设备的准备

填写所需仪器设备统计表（附表3）。

（三）实验操作

按照资料单中的分析步骤进行操作。

（四）填写原始数据

粮情检查记录

货位号：

相对湿度（%）			温度（℃）			粮温检查情况			异常情况			四无检查				处理方案或效果
仓内	仓外	仓内	仓外	最高	最低	平均	类型	部位	范围	粮温	水分	鼠雀情况	害虫情况	变质情况	事故情况	
安全评价结果																

检测周期：粮温＞15℃，安全水分粮、基本无虫粮至少7天检测一次，半安全水分粮、一般虫粮至少5天检测一次，危险水分粮每天至少检测一次。

三、考核评价

粮仓粮情监测-测温电缆及分机组装、温湿度监测考核评分标准

粮油储运环节检测与安全评价知识点在线测试

粮食加工仓储——氮气储粮仿真

粮食加工仓储——环流熏蒸仿真

粮食加工仓储——机械通风仿真

粮食加工仓储——粮食入库仿真

参考文献

国家粮食和物资储备局职业技能鉴定指导中心组织编写.（粮油）仓储管理员［M］.北京：中国轻工业出版社，2020.

考核项目三
乳与乳制品加工安全评价

技能操作一　鲜乳酒精试验与新鲜度评价

资料单

一、原理

一定浓度的酒精能使高于一定酸度的牛乳蛋白产生沉淀。乳中蛋白质沉淀现象与乳的酸度呈正比，即凝固现象愈明显，酸度愈大，否则相反。

乳中酪蛋白胶粒带有负电荷，酪蛋白胶粒因具有亲水性，胶粒周围形成了结合水层，所以酪蛋白在乳中以稳定的胶体状态存在。当乳的酸度增高时，酪蛋白胶粒带有的负电荷被氢离子中和。酒精具有脱水作用，浓度愈大，脱水作用愈强。酪蛋白胶粒周围的结合水层易被酒精脱去而发生絮凝沉淀。

二、试剂和材料

（1）72%中性酒精溶液：95%酒精72mL，蒸馏2～3mL（用酚酞检验，先将2～3滴酚酞指示剂滴入酒精溶液中，再用0.02mol/L的氢氧化钠溶液滴定至微红色即可）。

（2）70%中性酒精溶液：95%酒精70mL，蒸馏水25mL（用酚酞检验）。

（3）68%中性酒精溶液：95%酒精68mL，蒸馏水27mL（用酚酞检验）。

三、仪器和设备

（1）试管：20mL。

（2）移液管：2mL。

四、分析步骤

取3支试管，编号1、2、3，于试管内分别加入12mL 68%中性酒精溶液或70%中性酒精溶液或72%中性酒精溶液，再加入等量牛乳，摇动试管，充分混匀，观察有无絮状沉淀。如果无絮状沉淀，标明乳是新鲜的，称为酒精试验阴性乳；出现絮状沉淀的乳为酸度较高的乳，称为酒精试验阳性乳。试验温度以20℃为标准，不同温度需进行矫正，根据收乳标准，采用浓度为68%、70%、72%的酒精。

五、结果分析

酒精浓度与酸度对应关系如表1所示，根据结果判定牛乳的新鲜度。

表1 酒精浓度与酸度对应关系

酒精浓度	不出现絮片的酸度	测定意义
68%	20° T以下	合格
70%	19° T以下	较新鲜
72%	18° T以下	良质

任务单

一、任务要求

理解酒精试验的原理，了解测定酒精稳定性的实际意义，能进行一般牛乳新鲜度的测定，能对实验测定结果进行分析。

二、任务实施

（一）分组讨论，制定工作方案、确定人员分工

填写方案设计表（附表1）。

（二）试剂配制、仪器设备的准备

1.试剂配制

填写试剂配制表（附表2）。

2.仪器设备

填写所需仪器设备统计表（附表3）。

（三）实验操作

按照资料单中的分析步骤操作。

（四）填写原始数据

鲜乳酒精试验与新鲜度评价

样品名称			样品编号		样品质量（g）	
检测地点			检测项目		检测依据	
仪器名称			室温（℃）		相对湿度RH（%）	
分析数据	序号	1		2	3	
	体积（mL）					
试验现象						
结果分析						
新鲜度评价						

检验人： 校核人：

三、考核评价

鲜乳酒精试验与新鲜度评价考核评分标准

技能操作二 鲜乳杂质度测定与评价

资料单

一、原理

生鲜乳经杂质度过滤板过滤，根据残留于杂质度过滤板上直观可见非白色杂质与杂质度参考标准板比对确定样品杂质的限量。在GB 19301—2010《食品安全国家标准 生乳》中明确规定生鲜乳的杂质度必须小于等于4.0mg/kg。

本操作参考GB 5413.30—2016《食品安全国家标准 乳和乳制品杂质度的测定》。

二、试剂和材料

除非另有说明，本方法所用试剂均为分析纯，水为GB/T 6682—2008《分析实验室用水规格和试验方法》规定的三级水。

（1）杂质度过滤板：直径32mm、质量135mg ± 15mg、厚度0.8 ~ 1.0mm的白色棉质板，应符合本资料单附录A 的要求。杂质度过滤板按本资料单附录A 进行检验。

（2）杂质度参考标准板：杂质度参考标准板的制作方法见本资料单附录B。

三、仪器和设备

（1）天平：感量为0.1g。

（2）过滤设备：杂质度过滤机或抽滤瓶，可采用正压或负压的方式实现快速过滤（每升水的过滤时间为10 ~ 15s）。安放杂质度过滤板后的有效过滤直径为28.6mm ± 0.1mm。

四、分析步骤

1. 样品溶液的制备

液体乳样品充分混匀后，用量筒量取500mL立即测定。

2. 测定

将杂质度过滤板放置在过滤设备上，将制备的样品溶液倒入过滤设备的漏斗中，但不得溢出漏斗，过滤。用水多次洗净烧杯，并将洗液转入漏斗过滤。分次用洗瓶洗净漏斗过滤，滤干后取出杂质度过滤板，与杂质度标准板比对即得样品杂质度。

五、结果分析

过滤后的杂质度过滤板与杂质度参考标准板比对得出的结果，即为该样品的杂质度。

当杂质度过滤板上的杂质量介于两个级别之间时，应判定为杂质量较多的级别。如出现纤维等外来异物，判定杂质度超过最大值。

六、精密度

按上述方法对同一样品做两次测定，其结果应一致。

附 录 A

杂质度过滤板的检验

A.1　试剂和材料

（1）无水乙醇（C_2H_5OH）。

（2）甲醛（HCHO）。

（3）角豆胶：生化试剂。

（4）蔗糖。

（5）甲醛溶液（40%）：量取40mL甲醛到100mL容量瓶中，用水定容至100mL，过滤备用。

（6）角豆胶溶液：称取0.75g ± 0.01g角豆胶至250mL烧杯中，加2mL无水乙醇润湿，再加50mL水，充分混合。缓慢加热排除气泡后，煮沸，使角豆胶充分溶解后，冷却。加2mL已过滤的40% 甲醛溶液，混匀后转入100mL容量瓶，用水定容。

（7）蔗糖溶液：称取750g ± 0.1g蔗糖于1000mL烧杯中，加水750mL充分溶解，过滤备用。

（8）杂质：用地面灰土经过恒温干燥箱（100℃ ± 1℃）烘干，用标准筛收集颗粒大小为75 ~ 106μm 的灰土成分，然后烘干至恒重。

A.2　仪器和设备

（1）天平：感量分别为0.1g和0.1mg。

（2）标准筛。

（3）干燥器：含有效干燥剂。

（4）恒温干燥箱：精度为 ± 1℃。

（5）过滤设备：杂质度过滤机或抽滤瓶，可采用正压或负压的方式实现快速过滤（每升水的过滤时间为10 ~ 15s）。安放杂质度过滤板后的有效过滤直径为28.6mm ± 0.1mm。

A.3　检验步骤

1. 杂质溶液制备

称取2.00g ± 0.001g杂质加入250mL烧杯中，用5mL无水乙醇润湿。加入46mL角豆胶溶液，再加40mL蔗糖溶液，充分混合后，转入100mL容量瓶加蔗糖溶液定容，充分混匀。移取10mL（相当于200mg杂质）于1000mL容量瓶中，用水定容，充分混匀。

2. 干燥杂质过滤板

将杂质度过滤板，放入100℃ ± 1℃恒温干燥箱中烘干至恒重，记录质量N_1。

3. 过滤杂质溶液

将杂质度过滤板放置在过滤设备上，准确移取60mL（相当于12mg杂质）经过充分混匀的杂质溶液，过滤，用水洗净移液器，洗液一并过滤，用200mL40℃±2℃的水分多次清洗过滤板，滤干后取下杂质度过滤板，在100℃±1℃恒温干燥箱中烘干至恒重，记录质量N_2。

A.4 评价

$M=N_2-N_1$，$M\geqslant 10$mg。并且用锋利的刀片将杂质度过滤板上表层切下，查看余下部分不应出现杂质。

每千片检验10片，不足1000片按1000片计。

附 录 B

杂质度参考标准板的制作

B.1 试剂和材料

（1）阿拉伯胶　生化试剂。

（2）蔗糖。

（3）牛粪　收集牛粪，粉碎后100℃±1℃恒温干燥箱中烘干。

（4）阿拉伯胶溶液（0.75%）　称取1.875g阿拉伯胶于100mL烧杯中，加入20mL水并加热溶解后，冷却。用水转移至250mL容量瓶并定容，过滤。

（5）蔗糖溶液（50%）　称取1000g蔗糖于1000mL烧杯中，加入500mL水溶解，用水转移至 2000mL容量瓶并定容，过滤。

（6）牛粪

①用标准筛收集颗粒大小为0.150～0.200mm的牛粪，备用。

②用标准筛收集颗粒大小为0.125～0.150mm的牛粪，备用。

③用标准筛收集颗粒大小为0.106～0.125mm的牛粪，备用。

B.2 仪器和设备

（1）天平　感量分别为0.1g和0.1mg。

（2）标准筛。

（3）过滤设备　杂质度过滤机或抽滤瓶，可采用正压或负压的方式实现快速过滤（每升水的过滤时间为10～15s）。安放杂质度过滤板后的有效过滤直径为28.6mm±0.1mm。

B.3　液体乳参考标准杂质板制作步骤

1. 液体乳杂质参考标准液的配制

（1）分别准确称取500.0mg牛粪A、B、C于3个100mL烧杯中。加水2mL，加阿拉伯胶溶液23mL，充分混匀后，用蔗糖溶液转入500mL容量瓶中并定容，充分混匀直到杂质均匀分布，得到浓度为1.0mg/mL的牛粪杂质参考标准液a_0、b_0、c_0。

（2）分别吸取牛粪杂质参考标准液a_0、b_0、c_0各100mL于500mL容量瓶中，用蔗糖溶液稀释并定容，得浓度为0.2mg/mL的牛粪杂质参考标准中间液a_1、b_1、c_1。

（3）分别吸取牛粪杂质参考标准中间液a_1、b_1、c_1各10mL于100mL容量瓶中，用蔗糖溶液稀释并定容，得浓度为0.02mg/mL的牛粪杂质参考标准工作液a_2、b_2、c_2。

2.液体乳参考标准杂质板的制作

（1）量取100mL蔗糖溶液，在已放置好杂质度过滤板的过滤设备上过滤，用100mL 40℃±2℃的水分多次清洗过滤板，晾干，此杂质板为液体乳中杂质相对含量0mg/kg的杂质度参考标准板A_1。

（2）准确吸取6.25mL牛粪杂质参考标准工作液c_2于100mL容量瓶中，用蔗糖溶液稀释并定容，混匀后并在已放置好杂质度过滤板的过滤设备上过滤，用水洗净容量瓶，洗液一并过滤。再用100mL 40℃±2℃的水分多次清洗过滤板，晾干，此杂质板为液体乳中杂质相对含量2mg/8L的杂质度参考标准板A_2。

（3）准确吸取12.5mL牛粪杂质参考标准工作液b_2于100mL容量瓶中，用蔗糖溶液稀释并定容，混匀后并在已放置好杂质度过滤板的过滤设备上过滤，用水洗净容量瓶，洗液一并过滤。再用100mL 40℃±2℃的水分多次清洗过滤板，晾干，此杂质板为液体乳中杂质相对含量4mg/8L的杂质度参考标准板A_3。

（4）准确吸取18.75mL牛粪杂质参考标准工作液a_2于100mL容量瓶中，用蔗糖溶液稀释并定容，混匀后并在已放置好杂质度过滤板的过滤设备上过滤，用水洗净容量瓶，洗液一并过滤。再用100mL 40℃±2℃的水分多次清洗过滤板，晾干，此杂质板为液体乳中杂质相对含量6mg/8L的杂质度参考标准板A_4。

（5）以500mL液体乳为取样量，按表1液体乳杂质度参考标准板比对表中制得的液体乳杂质度参考标准板见图1。

表1　液体乳杂质度参考标准板比对表

参考标准板号	A_1	A_2	A_3	A_4
杂质液浓度（mg/mL）	0	0.02	0.02	0.02
取杂质液体积（mL）	0	6.25	12.5	18.75
杂质绝对含量（mg/500mL）	0	0.125	0.250	0.375
杂质相对含量（mg/8L）	0	2	4	6

标准版号	A_1	A_2	A_3	A_4
标准样板		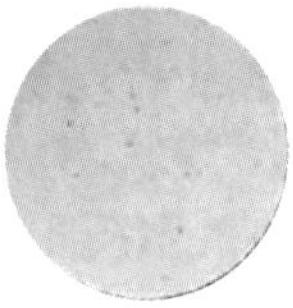		

图 1　液体乳杂质度参考标准板

任务单

一、任务要求

采用过滤法完成鲜乳中杂质度的测定，掌握过滤板的检验和杂质度参考标准板的制作方法，会进行样品制备、测量、比对准确测量鲜乳中的杂质度。

二、任务实施

（一）分组讨论，制定工作方案、确定人员分工

填写方案设计表（附表1）。

（二）试剂配制、仪器设备的准备

1.试剂配制

填写试剂配制表（附表2）。

2.仪器设备

填写所需仪器设备统计表（附表3）。

（三）实验操作

按照资料单中的分析步骤进行操作。

（四）填写原始数据

鲜乳杂质度测定原始数据记录单

样品名称		样品编号	样品质量（g）	
检测地点		检测项目	检测依据	

续表

<table>
<tr><td>仪器名称</td><td></td><td>室温（℃）</td><td colspan="2">相对湿度RH（%）</td><td></td></tr>
<tr><td rowspan="2">分析数据</td><td>序号</td><td colspan="2">样品1</td><td colspan="2">样品2</td></tr>
<tr><td>体积（mL）</td><td colspan="2"></td><td colspan="2"></td></tr>
<tr><td>分析结果</td><td colspan="5"></td></tr>
<tr><td>样品杂质相对含量（mg/8L）</td><td colspan="5"></td></tr>
<tr><td>安全评价结果</td><td colspan="5"></td></tr>
<tr><td colspan="3">检验人：</td><td colspan="3">校核人：</td></tr>
</table>

三、考核评价

鲜乳杂质度测定与
评价考核评分标准

技能操作三　鲜乳的掺假实验与安全性评价（食盐）

资料单

一、原理

鲜乳中氯化物与硝酸银反应，生成氯化银沉淀，用铬酸钾指示剂，当牛乳中的氯化物与硝酸银作用后，过量的硝酸银与铬酸钾生成砖红色的Ag_2CrO_4沉淀。

二、试剂

（1）9.6g/L硝酸银溶液：取分析纯硝酸银置于105℃烘箱内烘30min，取出放在干燥器内冷却后，称取9.6g溶于1000mL蒸馏水中。

（2）100g/L铬酸钾溶液：称取分析纯铬酸钾10g溶于100mL蒸馏水中。

硝酸银溶液应储存于棕色试剂瓶备用。

三、仪器

（1）吸管：2mL。
（2）试管：ϕ18×180mm。
（3）天平。
（4）容量瓶。
（5）试剂瓶：棕色。

四、分析步骤

取2mL牛乳于试管中，加入100g/L铬酸钾溶液5滴，摇匀，再加入9.6g/L硝酸银溶液1.5mL，摇匀后，立即观察结果。

注：在加入硝酸银后，应立即观察颜色，做出判定；否则，判定结果会偏高。

五、结果判定

正常色如下所示。

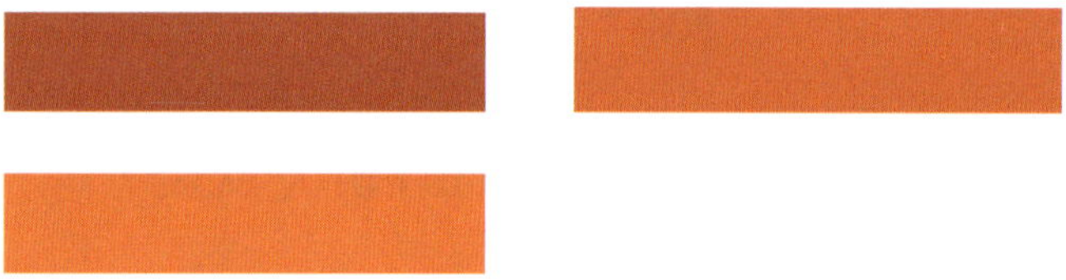

掺盐乳：呈黄色，且随着掺入量的增多，颜色由土黄色向鲜黄色变化，如下所示。

（a量盐）

（b量盐）

（c量盐）

注：最低检测限为0.05%。

六、注意事项

试剂加入顺序不同影响测定结果，先加入硝酸银其结果偏高10～20mg%，因此应按“牛乳+指示剂+硝酸银”或“指示剂+牛乳+硝酸银”的顺序进行。

日常实验应尽量在20℃左右的室温下进行，仲裁实验必须在20℃条件下进行。

任务单

一、任务要求

能够根据鲜乳中氯化物与硝酸银反应，生成氯化银沉淀，用铬酸钾指示剂，当牛乳中的氯化物与硝酸银作用后，过量的硝酸银与铬酸钾生成砖红色的Ag_2CrO_4沉淀原理，进行试剂配制、实验操作，并做出鲜乳中是否掺入食盐的正确判断。

二、任务实施

（一）分组讨论，制定工作方案、确定人员分工

填写方案设计表（附表1）。

（二）试剂配制、仪器的准备

1.试剂配制

填写试剂配制表（附表2）。

2.仪器

填写所需仪器统计表（附表3）。

（三）实验操作

按照资料单中的分析步骤进行操作。

（四）填写原始数据

鲜乳中掺假实验与安全性评价（食盐）原始数据记录单

样品名称		样品编号		样品体积（mL）	
检测地点		检测项目		检测依据	
仪器名称		室温（℃）		相对湿度RH（%）	
结果观察及安全评价					
检验人：			校核人：		

三、考核评价

鲜乳的掺假实验与
安全性评价（食盐）
考核评分标准

技能操作四 鲜乳的掺假实验与安全性评价（碱）

资料单（玫瑰红酸法）

一、原理

鲜乳中如掺碱，可使指示剂变色，根据颜色的不同，可粗略判断加碱量的多少。

二、试剂

玫瑰红酸（0.05%乙醇溶液）：称取0.05g玫瑰红酸溶于100mL95%的乙醇中。

三、仪器

（1）试管：ϕ 18 × 180mm。
（2）试管架。
（3）吸管：2mL。
（4）天平。
（5）容量瓶。

四、分析步骤

于盛有2mL牛乳的试管中加入2mL玫瑰红酸溶液，摇匀，观察颜色变化。

五、结果判定

正常色如下（1）（2）（3）（4）所示。

（1）

（2）

（3）

（4）

异常色如下所示。

（a量）

（b量）

（c量）

六、注意事项

（1）牛乳酸度及新鲜度影响最终颜色的判定，酸度越高、新鲜度越差最终颜色越黄。

（2）最低检测限：弱碱为0.02%、强碱为0.006%。

任务单（玫瑰红酸法）

一、任务要求

根据玫瑰红酸法，鲜乳中如掺碱，可使指示剂变色的原理，进行试剂配制、实验操作，并做出鲜乳中是否掺入碱的正确判断。

二、任务实施

（一）分组讨论，制定工作方案、确定人员分工

填写方案设计表（附表1）。

（二）试剂配制、仪器的准备

1.试剂配制

填写试剂配制表（附表2）。

2.仪器

填写所需仪器统计表（附表3）。

（三）实验操作

按照资料单中的分析步骤进行操作。

（四）填写原始数据

鲜乳中掺假实验与安全性评价（碱）原始数据记录单

样品名称		样品编号		样品体积（mL）	
检测地点		检测项目		检测依据	
仪器名称		室温（℃）		相对湿度RH（%）	
结果观察及安全评价					
检验人:			校核人:		

三、考核评价

鲜乳的掺假实验与安全性评价（碱）——玫瑰红酸法考核评分标准

资料单（溴麝香草酚蓝法）

一、原理

鲜乳中如掺碱，可使指示剂变色，根据颜色的不同，可粗略判断加碱量的多少。

二、试剂

取0.04g溴百里香草酚蓝（溴麝香草酚蓝）溶于100mL95%分析纯乙醇中。

三、仪器

（1）试管：ϕ 18 × 180mm。

（2）试管架。

（3）吸管：2mL。

（4）天平。

（5）容量瓶。

四、分析步骤

取乳样约2mL于小试管中，沿管壁慢慢加入指示剂约0.5mL，将试管轻轻斜转2～3圈，然后垂直放置2min后，观察指示剂与样品接触面颜色特征以判定检验结果。同时用不含碱的正常生鲜牛乳作空白对照。

五、结果判定

正常乳为黄色。

掺碱乳因加碱量不同呈不同颜色：0.03%黄绿色；0.05%淡绿色；0.1%绿色；0.3%深绿色；0.5%青绿色；0.7%淡青色；1.0%青色；1.5%深青色。

六、注意事项

掺水乳（因水的pH大都在7～9）、掺洗衣粉乳（因洗衣粉中加有碳酸钠）、乳房炎乳（因为细菌分解乳酪蛋白产生氨及乳房代谢功能的改变而造成pH升高）与掺碱指示剂的接触面均可呈黄绿至淡绿色。

任务单（溴麝香草酚蓝法）

一、任务要求

根据溴麝香草酚蓝法，鲜乳中如掺碱，可使指示剂变色的原理，进行试剂配制、实验操作，并做出鲜乳中是否掺入碱的正确判断。

二、任务实施

（一）分组讨论，制定工作方案、确定人员分工

填写方案设计表（附表1）。

（二）试剂配制、仪器的准备

1.试剂配制

填写试剂配制表（附表2）。

2.仪器

填写所需仪器设备统计表（附表3）。

（三）实验操作

按照资料单中的分析步骤进行操作。

（四）填写原始数据

鲜乳中掺假实验与安全性评价（碱）原始数据记录单

样品名称		样品编号		样品体积（mL）	
检测地点		检测项目		检测依据	
仪器名称		室温（℃）		相对湿度RH（%）	
结果观察及安全评价					
检验人:			校核人:		

三、考核评价

鲜乳的掺假实验与安全性评价（碱）——溴麝香草酚蓝法考核评分标准

技能操作五　鲜乳的掺假实验与安全性评价（亚硝酸盐）

资料单（固体试剂法）

一、原理

鲜乳中的亚硝酸盐与显色试剂作用，形成红色的化合物，鲜乳中的硝酸盐被还原成亚硝酸盐后，再与显色试剂形成红色化合物。

二、试剂

鲜乳亚硝酸盐和硝酸盐试剂。

三、仪器

（1）试管：$\phi 18 \times 180$mm。
（2）试管架。
（3）天平。
（4）水浴锅。

四、分析步骤

取鲜乳亚硝酸盐或硝酸盐试剂（按试剂说明添加）到试管中，加入被检乳样，振荡混合均匀，必要时加热溶解，5min内观察结果。

五、结果判定

正常乳呈无色。
掺亚硝酸盐或硝酸盐乳呈粉红色，且由掺入量的增加，颜色逐渐加深。

（a量）

（b量）

注：最低检测限：硝酸盐为2×10^{-6}；亚硝酸盐为：10^{-8}。

六、注意事项

（1）药品瓶必须用颜色较深的纸包好避光保存。

（2）药品置于干燥的环境中保存，最好放在干燥器中。

（3）已打开包装的药品要密封好后于干燥器中避光保存，如果发现有结块现象应立即停止使用。

（4）硝酸盐检测时，所加硝盐试剂要足量（约0.3g），要使试剂和样品充分混匀后，应在5min内观察结果。

任务单（固体试剂法）

一、任务要求

能够根据固体试剂法，利用鲜乳中的亚硝酸盐与显色试剂作用，形成红色的化合物，鲜乳中的硝酸盐被还原成亚硝酸盐后，再与显色试剂形成红色化合物的原理，进行试纸的选择、实验操作，并做出鲜乳中是否掺入亚硝酸盐的正确判断。

二、任务实施

（一）分组讨论，制定工作方案、确定人员分工

填写方案设计表（附表1）。

（二）试剂配制、仪器的准备

1.试剂配制

填写试剂配制表（附表2）。

2.仪器

填写所需仪器设备统计表（附表3）。

（三）实验操作

按照资料单中的分析步骤进行操作。

（四）填写原始数据

鲜乳中掺假实验与安全性评价（亚硝酸盐）原始数据记录单

样品名称		样品编号		样品体积（mL）	
检测地点		检测项目		检测依据	
仪器名称		室温（℃）		相对湿度RH（%）	
结果观察及安全评价					
检验人：			校核人：		

三、考核评价

鲜乳的掺假实验与安全性评价（亚硝酸盐）——固体试剂法考核评分标准

资料单（液体试剂法）

一、原理

鲜乳中的亚硝酸盐与显色试剂作用，形成红色的化合物；鲜乳中的硝酸盐被还原成亚硝酸盐后，再与显色试剂形成红色化合物。

二、试剂

（1）显色剂：称取对–氨基苯磺酸0.6g，甲–萘胺0.2g，甲–萘酚0.1g，溶于400mL 50%的醋酸溶液中，置棕色试剂瓶中保存。

（2）还原剂：硫酸钡44.0g，硫酸锰5.0g，锌粉1.0g，混合在一起，干燥研磨成细粉末，密闭保存。

三、仪器

（1）试管：ϕ 18 × 180mm。
（2）试管架。
（3）天平。
（4）试剂瓶：棕色。

四、分析步骤

吸取2.0mL牛乳于试管中，加入还原剂约0.1g混匀（亚硝酸盐检测不加还原剂），加显色剂0.5 ~ 1.0mL摇匀，5min内观察结果。

五、结果判定

正常乳呈无色。
掺假乳呈微粉—水粉—粉红—红色（根据颜色的深浅判断硝酸盐和亚硝酸盐含量的多少）。

六、注意事项

还原剂配制时，一定要研磨均匀，否则会严重影响检测。

任务单（液体试剂法）

一、任务要求

能够根据液体试剂方法，利用鲜乳中的亚硝酸盐与显色试剂作用，形成红色的化合物；鲜乳中的硝酸盐被还原成亚硝酸盐后，再与显色试剂形成红色化合物的原理，进行试剂的配制、实验操作，并做出鲜乳中是否掺入亚硝酸盐的正确判断。

二、任务实施

（一）分组讨论，制定工作方案、确定人员分工

填写方案设计表（附表1）。

（二）试剂配制、仪器的准备

1.试剂配制

填写试剂配制表（附表2）。

2.仪器

填写所需仪器设备统计表（附表3）。

（三）实验操作

按照资料单中的分析步骤进行操作。

（四）填写原始数据

鲜乳中掺假实验与安全性评价（亚硝酸盐）原始数据记录单

样品名称		样品编号		样品体积（mL）	
检测地点		检测项目		检测依据	
仪器名称		室温（℃）		相对湿度RH（%）	
结果观察及安全评价					
检验人：			校核人：		

三、考核评价

鲜乳的掺假实验与安全性评价（亚硝酸盐）——液体试剂法考核评分标准

技能操作六　鲜乳的掺假实验与安全性评价（尿素）

资料单

一、原理

尿素与二乙酰一肟在酸性条件下，经镉离子（或三价铁离子）的催化产生缩合，并在氨基硫脲存在下，生成3，5，6–三甲基–1，2，4三胺的红色复合物。

二、试剂

（1）酸性试剂：在1L容量瓶中加入蒸馏水约100mL，然后加入浓硫酸44mL及85% 磷酸66mL，冷却至室温后，加入硫氨脲30mg，硫酸镉2g溶解后用蒸馏水稀释至1000mL。贮棕色瓶中冰箱内保存半年不变。

（2）2%二乙酰一肟试剂：称取二乙酰一肟2g，溶于100mL蒸馏水中。贮棕色瓶中放置冰箱内，可保存半年不变。

（3）应用液：取酸性试剂90mL加2% 二乙酰一肟10mL混合均匀，即可使用。

三、仪器

（1）试管：ϕ 18 × 180mm。

（2）试管架。

（3）容量瓶。

（4）天平。

（5）水浴锅。

四、分析步骤

取应用液1mL于试管中，加鲜乳一滴加热煮沸约1min后观察结果。

五、结果判定

正常乳呈无色或微红色。

掺入尿素或尿的乳立即呈深红色。掺入量越大，显色越快，红色越深。

六、注意事项

（1）正常乳煮沸时间超过2min，也可出现淡红色。

（2）最低检出限为0.03%。

（3）必要时做正常乳样对照和阳性样品对照。

任务单

一、任务要求

能够根据尿素与二乙酰一肟在酸性条件下，经镉离子（或三价铁离子）的催化产生缩合，并在氨基硫脲存在下，生成3，5，6–三甲基–1，2，4三胺的红色复合物的原理，进行试剂配制、实验操作，并做出鲜乳中是否掺入尿素的正确判断。

二、任务实施

（一）分组讨论，制定工作方案、确定人员分工

填写方案设计表（附表1）。

（二）试剂配制、仪器的准备

1.试剂配制

填写试剂配制表（附表2）。

2.仪器

填写所需仪器设备统计表（附表3）。

（三）实验操作

按照资料单中的分析步骤进行操作。

（四）填写原始数据

鲜乳中掺假实验与安全性评价（尿素）原始数据记录单

样品名称		样品编号		样品体积（mL）	
检测地点		检测项目		检测依据	
仪器名称		室温（℃）		相对湿度RH（%）	
结果观察及安全评价					
检验人:			校核人:		

三、考核评价

鲜乳的掺假实验与安全性评价（尿素）考核评分标准

技能操作七 鲜乳的掺假实验与安全性评价（双氧水）

资料单（半定量试纸条法）

一、原理

过氧化氢酶将过氧化氢的氧转移至有机的氧化还原指示剂，形成一种蓝色的氧化产物。

二、试剂

半定量试纸条。

三、仪器

小烧瓶。

四、分析步骤

取下一试纸条后，立即密封保存，将试纸条浸入待测溶液1s，将反应区充分浸润。轻轻移开试纸条，抖落过量的水分，15s后将反应区的颜色与标准比色条对比。

五、结果判定

通过与标准色对比，确定牛乳中的过氧化氢含量，如发现检测中的试纸的蓝色过深，是由于过氧化氢的含量过高而导致。

六、注意事项

未开启包装的试纸条应在冰箱中保存，开封后应尽可能干燥低温保存。尽量保存在10～25℃环境中。

任务单（半定量试纸条法）

一、任务要求

能够根据半定量试纸条法，过氧化氢酶将过氧化氢的氧转移至有机的氧化还原指示剂，形成一种蓝色的氧化产物的原理，进行试纸条的选择、实验操作，并做出鲜乳中是否掺入双氧水的正确判断。

二、任务实施

（一）分组讨论，制定工作方案、确定人员分工

填写方案设计表（附表1）。

（二）试剂配制、仪器的准备

1.试剂配制

填写试剂配制表（附表2）。

2.仪器

填写所需仪器设备统计表（附表3）。

（三）实验操作

按照资料单中的分析步骤进行操作。

（四）填写原始数据

鲜乳中掺假实验与安全性评价（双氧水）原始数据记录单

样品名称		样品编号		样品体积（mL）	
检测地点		检测项目		检测依据	
仪器名称		室温（℃）		相对湿度RH（%）	
结果观察及安全评价					
检验人：			校核人：		

三、考核评价

鲜乳的掺假实验与安全性评价（双氧水）——半定量试纸条法考核评分标准

资料单（碘化钾–淀粉法）

一、原理

过氧化氢在酸性条件下，能使碘化物氧化析出碘，KI–I与淀粉反应呈蓝色。

二、试剂

（1）淀粉溶液：溶解3g可溶性淀粉于10mL水中，然后将其慢慢倒入100mL沸水中，边加边搅拌，溶解完全后，使溶液冷却。现用现配。

（2）碘化钾淀粉溶液：将3g碘化钾溶解于5mL水中，将其倒入淀粉溶液中，搅拌均匀。现用现配。

（3）硫酸溶液：浓硫酸：水=1：1。

三、仪器

（1）吸管：2mL。

（2）试管：$\phi 18\times 180$mm。

（3）天平。

（4）水浴锅。

（5）容量瓶。

四、分析步骤

吸取1mL鲜乳于试管中，加入0.2mL碘化钾淀粉溶液，混匀。加入硫酸溶液1滴，摇匀，1min内观察颜色变化。

五、结果判定

正常乳呈乳白色。

掺防腐剂乳呈蓝色，且随着掺入量的增加颜色逐渐加深，见表1。

表1　H_2O_2掺入量与溶液颜色对应标准

H_2O_2含量（‰）	色卡编号	H_2O_2含量（‰）	色卡编号
1.0	350U	0.09	2758U
0.9	349U	0.08	259U
0.8	357U	0.07	2685U
0.7	341U	0.06	289U
0.6	3288U	0.05	272U
0.5	3302U	0.04	271U
0.4	3035U	0.03	263U
0.3	303U	0.02	无
0.2	282U	0.01	无
0.1	2768U	0.00	无

任务单（碘化钾–淀粉法）

一、任务要求

能够根据碘化钾-淀粉法，过氧化氢在酸性条件下，能使碘化物氧化析出碘，KI–I与淀粉反应呈蓝色的原理，进行试剂的配制、实验操作，并做出鲜乳中是否掺入双氧水的正确判断。

二、任务实施

（一）分组讨论，制定工作方案、确定人员分工

填写方案设计表（附表1）。

（二）试剂配制、仪器的准备

1.试剂配制

填写试剂配制表（附表2）。

2.仪器

填写所需仪器设备统计表（附表3）。

（三）实验操作

按照资料单中的分析步骤进行操作。

（四）填写原始数据

鲜乳中掺假实验与安全性评价（双氧水）原始数据记录单

样品名称		样品编号		样品体积（mL）	
检测地点		检测项目		检测依据	
仪器名称		室温（℃）		相对湿度RH（%）	
结果观察及安全评价					
检验人：			校核人：		

三、考核评价

鲜乳的掺假实验与安全性评价（双氧水）——碘化钾-淀粉法考核评分标准

乳与乳制品加工安全评价知识点在线测试

乳制品加工仿真

考核项目四 肉、蛋及其制品加工安全评价

技能操作一 鲜肉中菌落总数的测定与评价

资料单

一、原理

鲜肉中菌落总数依据GB 4789.2—2016《食品安全国家标准　食品微生物学检验　菌落总数测定》进行测定。菌落总数指食品检样经过处理，在一定条件下（如培养基、培养温度和培养时间等）培养后，所得每克检样中形成的微生物菌落总数。

平板菌落计数法是根据在固体培养基上形成的一个菌落是由一个单细胞繁殖而成的肉眼可见的子细胞群体而设计的一种计数方法。将样品进行不同程度稀释，使微生物分散，并以单个细胞存在。再用定量的稀释液接种于平板上，特定条件下培养后，每一个活细胞即能形成一个菌落。统计菌落数目，即可计算样品中的含菌量。此法不包括死菌，又称为活菌计数法。

二、试剂和材料

（1）平板计数琼脂（PCA）培养基：胰蛋白胨5.0g、酵母浸膏2.5g、葡萄糖1.0g、琼脂15.0g、蒸馏水1000mL，将上述成分加于蒸馏水中，煮沸溶解，调节pH至7.0±0.2。分装试管或锥形瓶，121℃高压灭菌15min。

（2）磷酸盐缓冲液。

贮存液：称取34.0g的磷酸二氢钾（KH_2PO_4）溶于500mL蒸馏水中，用大约175mL的1mol/L氢氧化钠溶液调节pH至7.2，用蒸馏水稀释至1000mL后贮存于冰箱。

稀释液：取贮存液1.25mL，用蒸馏水稀释至1000mL，分装于适宜容器中，121℃高压灭菌15min。

（3）无菌生理盐水　称取8.5g氯化钠溶于1000mL蒸馏水中，121℃高压灭菌15min。

三、仪器和设备

除微生物实验室常规灭菌及培养设备外，其他仪器和设备如下：

（1）恒温培养箱：36℃±1℃，30℃±1℃。

（2）冰箱：2～5℃。

（3）恒温水浴箱：46℃±1℃。

（4）天平：感量为0.1g。

（5）均质器。

（6）振荡器。

（7）无菌吸管：1mL（具0.01mL刻度）、10mL（具0.1mL刻度）或微量移液器及吸头。

（8）无菌锥形瓶：容量250mL、500mL。

（9）无菌培养皿：直径90mm。

（10）pH计或pH比色管或精密pH试纸。

（11）放大镜或/和菌落计数器。

四、分析步骤

1. 鲜肉的处理

鲜肉表面菌落计数可采用棉拭采样法，一般可用板孔5cm²的金属制规板压在受检物上，将灭菌棉拭稍沾湿，在板孔5cm²的范围内揩抹多次，然后将板孔规板移压另一点，用另一棉拭揩抹，如此共移压搭抹10次，总面积为50cm²，共用10只棉拭。每支棉拭在揩抹完毕后应立即剪断或烧断后投入盛有50mL灭菌水的三角烧瓶或大试管中，立即送检。检验时先充分振摇，吸取瓶、管中的液体作为原液，再按要求做10倍递增稀释。

鲜肉样品先进行表面消毒（沸水内烫3～5s或酒精烧灼消毒），再用无菌剪刀剪取深层肌肉25g，放入灭菌乳钵内用无菌剪子剪碎后，加灭菌海砂或玻璃砂研磨，磨碎后加入灭菌生理盐水225mL，混匀，即为1：10稀释液。

2. 稀释

用1mL无菌吸管或微量移液器吸取1：10样品匀液1mL，沿管壁缓慢注于盛有9mL稀释液的无菌试管中（注意吸管或吸头尖端不要触及稀释液面），振摇试管或换用1支无菌吸管反复吹打使其混合均匀，制成1：100的样品匀液，再10倍递增系列稀释，每递增稀释一次，换用1次1mL无菌吸管或吸头。

3. 倾注

根据对样品污染状况的估计，选择2～3个适宜稀释度的样品匀液（液体样品可包括原液），在进行10倍递增稀释时，吸取1mL样品匀液于无菌平皿内，每个稀释度做两个平皿。同时，分别吸取1mL空白稀释液加入两个无菌平皿内作空白对照。及时将15～20mL冷却至46℃的平板计数琼脂培养基（可放置于46℃±1℃恒温水浴箱保温）倾注平皿，并转动平皿使其混合均匀。

4. 培养

待琼脂凝固后，将平板翻转，36℃±1℃培养48h±2h。

5. 菌落计数

（1）可用肉眼观察，必要时用放大镜或菌落计数器，记录稀释倍数和相应的菌落数量。菌落计数以菌落形成单位（CFU）表示。

（2）选取菌落数在30～300CFU、无蔓延菌落生长的平板计数菌落总数。低于30CFU的平板记录具体菌落数，大于300CFU的可记录为多不可计。每个稀释度的菌落数应采用两个平板的平均数。

（3）其中一个平板有较大片状菌落生长时，则不宜采用，而应以无片状菌落生长的平板作为该稀释度的菌落数；若片状菌落不到平板的一半，而其余一半中菌落分布又很均匀，即可计算半个平板后乘以2，代表一个平板菌落数。

（4）当平板上出现菌落间无明显界线的链状生长时，则将每条单链作为一个菌落计数。

五、结果分析

（1）若只有一个稀释度平板上的菌落数在适宜计数范围内，计算两个平板菌落数的平均值，再将平均值乘以相应稀释倍数，作为每克样品中菌落总数结果。

（2）若有两个连续稀释度的平板菌落数在适宜计数范围内时，按下式计算：

$$N=\frac{\sum C}{(n_1+0.1n_2)d}$$

式中 N ——样品中菌落数；

$\sum C$ ——平板（含适宜范围菌落数的平板）菌落数之和；

n_1 ——第一稀释度（低稀释倍数）平板个数；

n_2 ——第二稀释度（高稀释倍数）平板个数；

d ——稀释因子（第一稀释度）。

（3）若所有稀释度的平板上菌落数均大于300CFU，则对稀释度最高的平板进行计数，其他平板可记录为多不可计，结果按平均菌落数乘以最高稀释倍数计算。

（4）若所有稀释度的平板菌落数均小于30CFU，则应按稀释度最低的平均菌落数乘以稀释倍数计算。

（5）若所有稀释度（包括液体样品原液）平板均无菌落生长，则以小于1乘以最低稀释倍数计算。

（6）若所有稀释度的平板菌落数均不在30～300CFU，其中一部分小于30CFU或大于300CFU时，则以最接近30CFU或300CFU的平均菌落数乘以稀释倍数计算。

（7）菌落总数的报告。

①菌落数小于100CFU时，按“四舍五入”原则修约，以整数报告。

②菌落数大于或等于100CFU时，第3位数字采用“四舍五入”原则修约后，取前2位数字，后面用0代替位数；也可用10的指数形式来表示，按“四舍五入”原则修约后，采用两位有效数字。

③若所有平板上为蔓延菌落而无法计数，则报告菌落蔓延。

④若空白对照上有菌落生长，则此次检测结果无效。

⑤称重取样以CFU/g为单位报告。

任务单

一、任务要求

采用平板菌落计数法完成鲜肉样品中菌落总数的测定，掌握鲜肉样品处理、稀释、倾注、培养、菌落计数方法，会进行培养基的制备、倍增稀释、倾注培养，能规范熟练进行无菌操作，能准确报告鲜肉样品中菌落总数。

二、任务实施

（一）分组讨论，制定工作方案、确定人员分工

填写方案设计表（附表1）。

（二）试剂配制、仪器设备的准备

1.试剂配制

填写试剂配制表（附表2）。

2.仪器设备

填写所需仪器设备统计表（附表3）。

（三）实验操作

按照任务单中的分析步骤操作。

（四）填写原始数据

鲜肉中菌落总数的原始数据记录单

样品名称					样品编号				样品质量（g）	
检测地点					检测项目				检测依据	
分析数据	稀释度	10^{-1}	10^{-2}	10^{-3}	10^{-4}	10^{-5}	10^{-6}	10^{-7}	10^{-8}	10^{-9}	空白对照
	1次数据										
	2次数据										
	平均数据										

续表

计算公式	
鲜肉中菌落总数（CFU/g）	
安全评价结果	
检验人：	校核人：

三、考核评价

鲜肉中菌落总数的测定与评价考核评分标准

技能操作二　香肠中过氧化值的测定与评价

资料单

一、原理

香肠样品用石油醚萃取其中的脂肪，经装有无水硫酸钠的漏斗过滤，滤液蒸干石油醚后的残留物在三氯甲烷和冰乙酸中溶解，其中的过氧化物与碘化钾反应生成碘，用硫代硫酸钠标准溶液滴定析出的碘。用过氧化物相当于碘的质量分数表示过氧化值的量。

本操作参考GB 5009.227—2006《食品安全国家标准　食品中过氧化值的测定》。

二、试剂和材料

除非另有说明，所用试剂均为分析纯，水为GB/T 6682—2008规定的三级水。

（1）石油醚：沸程为30～60℃。

（2）无水硫酸钠（Na_2SO_4）。

（3）三氯甲烷-冰乙酸混合液（体积比40+60）：量取40mL三氯甲烷，加60mL冰乙酸，混匀。

（4）碘化钾饱和溶液：称取20g碘化钾，加入10mL新煮沸冷却的水，摇匀后贮于棕色瓶中，存放于避光处备用。要确保溶液中有饱和碘化钾结晶存在。

使用前检查：在30mL三氯甲烷-冰乙酸混合液中添加1.00mL碘化钾饱和溶液和2滴1%淀粉指示剂，若出现蓝色，并需用1滴以上的0.01mo1/L硫代硫酸钠溶液才能消除，此碘化钾溶液不能使用，应重新配制。

（5）1%淀粉指示剂：称取0.5g可溶性淀粉，加少量水调成糊状。边搅拌边倒入50mL沸水，再煮沸搅匀后，放冷备用。临用前配制。

（6）石油醚的处理：取100mL石油醚于蒸馏瓶中，在低于40℃的水浴中，用旋转蒸发仪减压蒸干。

用30mL三氯甲烷-冰乙酸混合液分次洗涤蒸馏瓶，合并洗涤液于250mL碘量瓶中。准确加入1.00mL饱和碘化钾溶液，塞紧瓶盖，并轻轻振摇0.5min，在暗处放置3min，加1.0mL淀粉指示剂后混匀，若无蓝色出现，此石油醚用于试样制备；如加1.0mL淀粉指示剂混匀后有蓝色出现，则需更换试剂。

（7）0.1mo1/L硫代硫酸钠标准溶液：称取26g硫代硫酸钠（$Na_2S_2O_3 \cdot 5H_2O$），加0.2g无水碳酸钠，溶于1000mL水中，缓缓煮沸10min，冷却。放置两周后过滤、标定。

（8）0.01mo1/L硫代硫酸钠标准溶液：由0.1mo1/L硫代硫酸钠标准溶液以新煮沸冷却的水稀释而成。临用前配制。

（9）0.002mo1/L硫代硫酸钠标准溶液：由0.1mo1/L硫代硫酸钠标准溶液以新煮沸冷却的水稀释而成。临用前配制。

三、仪器和设备

（1）碘量瓶：250mL。

（2）滴定管：10mL，最小刻度为0.05mL。

（3）滴定管：25mL或50mL，最小刻度为0.1mL。

（4）天平：感量为1mg、0.01mg。

（5）电热恒温干燥箱。

（6）旋转蒸发仪。

四、分析步骤

1. 香肠的处理

从所取全部样品中取出有代表性样品的可食部分，将其破碎并充分混匀后置于广口瓶中，加入2～3倍试样体积的石油醚，摇匀，充分混合后静置浸提12h以上，经装有无水硫酸钠的漏斗过滤，取滤液，在低于40℃的水浴中，用旋转蒸发仪减压蒸干石油醚，残留物即为待测试样。

2. 测定

称取待测试样（即蒸干石油醚后的残留物）2～3g（精确至0.001g），置于250mL碘量瓶中，加入30mL三氯甲烷-冰乙酸混合液，轻轻振摇使试样完全溶解。准确加入1.00mL饱和碘化钾溶液，塞紧瓶盖，并轻轻振摇0.5min，在暗处放置3min。取出加100mL水，摇匀后立即用硫代硫酸钠标准溶液（过氧化值估计值在0.15g/100g及以下时，用0.002mol/L标准溶液；过氧化值估计值大于0.15g/100g时，用0.01mol/L标准溶液）滴定析出的碘，滴定至淡黄色时，加1mL淀粉指示剂，继续滴定，并强烈振摇至溶液蓝色消失为终点。

同时进行空白试验。空白试验所消耗0.01mo1/L硫代硫酸钠溶液体积V_0不得超过0.1mL。

注：应避免在阳光直射下进行试样测定。

五、结果分析

用过氧化物相当于碘的质量分数表示过氧化值时，按下式计算：

$$X=\frac{(V-V_0)\times c\times 0.1269}{m}\times 100$$

式中 X——过氧化值，g/100g；

V——试样消耗的硫代硫酸钠标准溶液体积，mL；

V_0——空白试验消耗的硫代硫酸钠标准溶液体积，mL；

c——硫代硫酸钠标准溶液的浓度，mol/L；

0.1269——与1.00mL硫代硫酸钠标准滴定溶液［$c(Na_2S_2O_3)=1.000$mol/L］相当的碘的质量；

m——试样质量，g；

100——换算系数。

计算结果以重复性条件下获得的两次独立测定结果的算术平均值表示，结果保留两位有效数字。过氧化值（以脂肪计）（g/100g）≤0.5。

六、精密度

在重复性条件下获得的两次独立测定结果的绝对差值不得超过算术平均值的10%。

任务单

一、任务要求

采用滴定法完成香肠样品中过氧化值的测定，掌握样品中脂肪提取、过滤、浓缩的方法，会进行标准滴定溶液的配制和标定，能规范熟练操作滴定管、判断终点，能准确计算香肠样品中过氧化值，提交安全测定与评价报告。

二、任务实施

（一）分组讨论，制定工作方案、确定人员分工

填写方案设计表（附表1）。

（二）试剂配制、仪器设备的准备

1.试剂配制

填写试剂配制表（附表2）。

2.仪器设备

填写所需仪器设备统计表（附表3）。

（三）实验操作

按照资料单中的分析步骤进行操作。

（四）填写原始数据

香肠中过氧化值测定的原始数据记录单

<table>
<tr><td>样品名称</td><td></td><td>样品编号</td><td></td><td>样品质量（g）</td><td></td></tr>
<tr><td>检测地点</td><td></td><td>检测项目</td><td></td><td>检测依据</td><td></td></tr>
<tr><td>仪器名称</td><td></td><td>室温（℃）</td><td></td><td>相对湿度RH（%）</td><td></td></tr>
<tr><td colspan="2">体积或者质量</td><td colspan="2">试样1</td><td>试样2</td><td>空白</td></tr>
<tr><td colspan="2">提取的脂肪（g）</td><td colspan="2"></td><td></td><td></td></tr>
<tr><td colspan="2">硫代硫酸钠标准溶液的浓度（mol/L）</td><td colspan="2"></td><td></td><td></td></tr>
<tr><td colspan="2">终点硫代硫酸钠标准溶液消耗的体积读数（mL）</td><td colspan="2"></td><td></td><td></td></tr>
</table>

续表

开始滴定时硫代硫酸钠标准溶液的体积读数（mL）			
实际消耗的硫代硫酸钠标准溶液体积（mL）			
过氧化值（g/100g）			
平均过氧化值（g/100g）			
计算公式			
结果分析			
安全评价结果			
检验人：		校核人：	

三、考核评价

香肠中过氧化值的测定与评价考核评分标准

技能操作三 鲜蛋哈氏单位的测定与评价

资料单

一、原理

哈氏单位是根据蛋重和浓蛋白高度，按公式计算出其指标的一种方法，可以衡量蛋白品质和蛋的新鲜程度，是国际上对蛋品质评价的重要指标和常用方法，浓蛋白越高，蛋就越新鲜，哈氏单位就越大。哈氏单位与孵化率密切相关。

本操作参考NY/T 823—2020《家禽生产性能名词术语和度量计算方法》。

二、仪器和材料

（1）工业用高度卡尺。

（2）玻璃板。

（3）天平。

（4）水平仪。

三、分析步骤

取产出24h内的蛋，称蛋重。测定时，把蛋白打开倒在玻璃板上，玻璃板一定要保持水平，可用三个可以调节高度的天平脚垫在玻璃板下，用水平仪校正玻璃板后方可操作。蛋打开后，测浓蛋白最宽部分的高度，此部分位置多在蛋的大头端，大约离蛋黄1cm（避开系带）。测定时要选准位置将高度指针下降至接近蛋的表面时即可读出蛋白高度。测量成正三角形的三个点，取平均值。按下式计算哈氏单位。

$$\text{哈氏单位}=100\times\lg(H-1.7W+7.57)$$

式中　H——以毫米为单位测量的浓蛋白高度值；

W——蛋重，g。

四、结果分析

（1）美国农业部（USDA）的鸡蛋品质分级标准将食用蛋哈氏单位分为三级：>72为特级，72～60为甲级，60～30为乙级。

（2）日本哈氏单位标准：以哈氏单位79以上为特级，78～61为一级，60以下为二级。

（3）中国现行评价指标：

①NY/T 823—2004《家禽生产性能名词术语和度量统计方法》指出哈氏测量方法及公式；

②NY/T 1758—2009《鲜蛋等级规格》指出哈氏单位的检测按照NY/T 823执行，并对鲜鸡蛋进行哈氏单位分级：特级>72，一级60～72，二级31～59，三级<31。

任务单

一、任务要求

采用手工测定完成鲜蛋蛋重和蛋白高度的测定。掌握鲜蛋称重、蛋白高度的测量方法，会利用公式计算出鲜蛋哈氏单位，能规范熟练操作工业用高度卡尺，能利用工业用高度卡尺对鲜蛋中蛋白高度进行测量，能准确计算出鲜蛋的哈氏单位。

二、任务实施

（一）分组讨论，制定工作方案、确定人员分工

填写方案设计表（附表1）。

（二）仪器设备的准备

填写所需仪器设备统计表（附表3）。

（三）实验操作

按照资料单中的分析步骤进行操作。

（四）填写原始数据

鲜蛋哈氏单位的测定原始数据记录单

样品名称		样品编号		样品质量（g）	
检测地点		检测项目		检测依据	
仪器名称		室温（℃）		相对湿度RH（%）	
分析数据	序号	1		2	3
	浓蛋白高度值（mm）				
	蛋重（g）				
计算公式					
哈氏单位					
安全评价					

检验人:　　　　　　　　　　　　　　　校核人:

三、考核评价

鲜蛋哈氏单位的测定与评价考核评分标准

肉、蛋及其制品加工安全评价知识点在线测试

牦牛肉加工仿真

肉制品加工仿真

参考文献

[1] 2009中国蛋鸡行业发展大会论文集[C].中国畜牧业协会禽业分会:中国畜牧业协会，2009.

[2] 李小利.哈氏单位是检验鸡蛋品质的重要指标[J].检验检疫学刊，2013，23(02):48-49+72.

考核项目五
果蔬加工安全评价

技能操作一 预包装食品标签检验与安全评价

资料单

一、术语和定义

1.预包装食品

预先定量包装或者制作在包装材料和容器中的食品，包括预先定量包装以及预先定量制作在包装材料和容器中并且在一定量限范围内具有统一的质量或体积标识的食品。

2.食品标签

食品包装上的文字、图形、符号及一切说明物。

3.配料

在制造或加工食品时使用的，并存在（包括以改性的形式存在）于产品中的任何物质，包括食品添加剂。

4.生产日期（制造日期）

食品成为最终产品的日期，也包括包装或灌装日期，即将食品装入（灌入）包装物或容器中，形成最终销售单元的日期。

5.保质期

预包装食品在标签指明的贮存条件下，保持品质的期限。在此期限内，产品完全适于销售，并保持标签中不必说明或已经说明的特有品质。

6.规格

同一预包装内含有多件预包装食品时，对净含量和内含件数关系的表述。

7.主要展示版面

预包装食品包装物或包装容器上容易被观察到的版面。

二、基本要求

（1）应符合法律、法规的规定，并符合相应食品安全标准的规定。

（2）应清晰、醒目、持久，应使消费者购买时易于辨认和识读。

（3）应通俗易懂、有科学依据，不得标示封建迷信、色情、贬低其他食品或违背营养科学常识的内容。

（4）应真实、准确，不得以虚假、夸大、使消费者误解或欺骗性的文字、图形等方式介绍食品，也不得利用字号大小或色差误导消费者。

（5）不应直接或以暗示性的语言、图形、符号，误导消费者将购买的食品或食品的某一性质与另一产品混淆。

（6）不应标注或者暗示具有预防、治疗疾病作用的内容，非保健食品不得明示或者暗示具有保健作用。

（7）不应与食品或者其包装物（容器）分离。

（8）应使用规范的汉字（商标除外）。具有装饰作用的各种艺术字，应书写正确，易于辨认。

①可以同时使用拼音或少数民族文字，拼音不得大于相应汉字。

②可以同时使用外文，但应与中文有对应关系（商标、进口食品的制造者和地址、国外经销者的名称和地址、网址除外）。所有外文不得大于相应的汉字（商标除外）。

（9）预包装食品包装物或包装容器最大表面面积大于35cm^2时（最大表面面积计算方法见本资料单附录A），强制标示内容的文字、符号、数字的高度不得小于1.8 mm。

（10）一个销售单元的包装中含有不同品种、多个独立包装可单独销售的食品，每件独立包装的食品标识应当分别标注。

（11）若外包装易于开启识别或透过外包装物能清晰地识别内包装物（容器）上的所有强制标示内容或部分强制标示内容，可不在外包装物上重复标示相应的内容；否则应在外包装物上按要求标示所有强制标示内容。

三、标示内容

1.直接向消费者提供的预包装食品标签标示内容

（1）一般要求　直接向消费者提供的预包装食品标签标示应包括食品名称、配料表、净含量和规格、生产者和（或）经销者的名称、地址和联系方式、生产日期和保质期、贮存条件、食品生产许可证编号、产品标准代号及其他需要标示的内容。

（2）食品名称　应在食品标签的醒目位置，清晰地标示反映食品真实属性的专用名称。

当国家标准、行业标准或地方标准中已规定了某食品的一个或几个名称时，应选用其中的一个，或等效的名称。

无国家标准、行业标准或地方标准规定的名称时，应使用不使消费者误解或混淆的常用名称或通俗名称。

标示“新创名称”“奇特名称”“音译名称”“牌号名称”“地区俚语名称”或“商标名称”时，应在所示名称的同一展示版面标示规定的名称。

当“新创名称”“奇特名称”“音译名称”“牌号名称”“地区俚语名称”或“商标

名称”含有易使人误解食品属性的文字或术语（词语）时，应在所示名称的同一展示版面邻近部位使用同一字号标示食品真实属性的专用名称。

当食品真实属性的专用名称因字号或字体颜色不同易使人误解食品属性时，也应使用同一字号及同一字体颜色标示食品真实属性的专用名称。

为不使消费者误解或混淆食品的真实属性、物理状态或制作方法，可以在食品名称前或食品名称后附加相应的词或短语。如干燥的、浓缩的、复原的、熏制的、油炸的、粉末的、粒状的等。

（3）配料表　预包装食品的标签上应标示配料表，配料表中的各种配料应按要求标示具体名称，食品添加剂按照要求标示名称。

配料表应以“配料”或“配料表”为引导词。当加工过程中所用的原料已改变为其他成分（如酒、酱油、食醋等发酵产品）时，可用“原料”或“原料与辅料”代替“配料”“配料表”，并按本标准相应条款的要求标示各种原料、辅料和食品添加剂。加工助剂不需要标示。

各种配料应按制造或加工食品时加入量的递减顺序一一排列；加入量不超过2%的配料可以不按递减顺序排列。

如果某种配料是由两种或两种以上的其他配料构成的复合配料（不包括复合食品添加剂），应在配料表中标示复合配料的名称，随后将复合配料的原始配料在括号内按加入量的递减顺序标示。当某种复合配料已有国家标准、行业标准或地方标准，且其加入量小于食品总量的25 %时，不需要标示复合配料的原始配料。

食品添加剂应当标示其在GB 2760—2014中的食品添加剂通用名称。食品添加剂通用名称可以标示为食品添加剂的具体名称，也可标示为食品添加剂的功能类别名称并同时标示食品添加剂的具体名称或国际编码（INS号）（标示形式见本资料单附录B）。在同一预包装食品的标签上，应选择本资料单附录B中的一种形式标示食品添加剂。当采用同时标示食品添加剂的功能类别名称和国际编码的形式时，若某种食品添加剂尚不存在相应的国际编码，或因致敏物质标示需要，可以标示其具体名称。食品添加剂的名称不包括其制法。加入量小于食品总量25%的复合配料中含有的食品添加剂，若符合GB 2760—2014规定的带入原则且在最终产品中不起工艺作用的，不需要标示。

在食品制造或加工过程中，加入的水应在配料表中标示。在加工过程中已挥发的水或其他挥发性配料不需要标示。

可食用的包装物也应在配料表中标示原始配料，国家另有法律法规规定的除外。

下列食品配料，可以选择按表 1 的方式标示。

表 1　配料标示方式

配料类别	标示方式
各种植物油或精炼植物油，不包括橄榄油	“植物油”或“精炼植物油”；如经过氢化处理，应标示为“氢化”或“部分氢化”

续表

配料类别	标示方式
各种淀粉，不包括化学改性淀粉	“淀粉”
加入量不超过2%的各种香辛料或香辛料浸出物（单一的或合计的）	“香辛料”“香辛料类”或“复合香辛料”
胶基糖果的各种胶基物质制剂	“胶姆糖基础剂”“胶基”
添加量不超过10%的各种果脯蜜饯水果	“蜜饯”“果脯”
食用香精、香料	“食用香精”“食用香料”“食用香精香料”

（4）配料的定量标示　如果在食品标签或食品说明书上特别强调添加了或含有一种或多种有价值、有特性的配料或成分，应标示所强调配料或成分的添加量或在成品中的含量。

如果在食品的标签上特别强调一种或多种配料或成分的含量较低或无时，应标示所强调配料或成分在成品中的含量。

食品名称中提及的某种配料或成分而未在标签上特别强调，不需要标示该种配料或成分的添加量或在成品中的含量。

（5）净含量和规格　净含量的标示应由净含量、数字和法定计量单位组成（标示形式参见本资料单附录C）。

应依据法定计量单位，按以下形式标示包装物（容器）中食品的净含量：

液态食品，用体积升（L）（l）、毫升（mL）（ml），或用质量克（g）、千克（kg）；

固态食品，用质量克（g）、千克（kg）；

半固态或黏性食品，用质量克（g）、千克（kg）或体积升（L）（l）、毫升（mL）（ml）。

净含量的计量单位应按表2标示。

表2　净含量计量单位的标示方式

计量方式	净含量（Q）的范围	计量单位
体积	$Q<1000$mL $Q\geqslant1000$mL	毫升（mL）（ml） 升（L）（l）
质量	$Q<1000$g $Q\geqslant1000$g	克（g） 千克（kg）

净含量字符的最小高度应符合表3的规定。

表3 净含量字符的最小高度

净含量（Q）的范围	字符的最小高度（mm）
Q≤50mL；Q≤50g	2
50mL＜Q≤200mL；50g＜Q≤200g	3
200mL＜Q≤1L；200g＜Q≤1kg	4
Q＞1kg；Q＞1L	6

净含量应与食品名称在包装物或容器的同一展示版面标示。

容器中含有固、液两相物质的食品，且固相物质为主要食品配料时，除标示净含量外，还应以质量或质量分数的形式标示沥干物（固形物）的含量（标示形式参见本资料单附录C）。

同一预包装内含有多个单件预包装食品时，大包装在标示净含量的同时还应标示规格。

规格的标示应由单件预包装食品净含量和件数组成，或只标示件数，可不标示“规格”二字。单件预包装食品的规格即指净含量（标示形式参见本资料单附录C）。

（6）生产者、经销者的名称、地址和联系方式　应当标注生产者的名称、地址和联系方式。生产者名称和地址应当是依法登记注册、能够承担产品安全质量责任的生产者的名称、地址。有下列情形之一的，应按下列要求予以标示。

依法独立承担法律责任的集团公司、集团公司的子公司，应标示各自的名称和地址。

不能依法独立承担法律责任的集团公司的分公司或集团公司的生产基地，应标示集团公司和分公司（生产基地）的名称、地址；或仅标示集团公司的名称、地址及产地，产地应当按照行政区划标注到地市级地域。

受其他单位委托加工预包装食品的，应标示委托单位和受委托单位的名称和地址；或仅标示委托单位的名称和地址及产地，产地应当按照行政区划标注到地市级地域。

依法承担法律责任的生产者或经销者的联系方式应标示以下至少一项内容：电话、传真、网络联系方式等，或与地址一并标示的邮政地址。

进口预包装食品应标示原产国国名或地区区名（如香港、澳门、台湾），以及在中国依法登记注册的代理商、进口商或经销者的名称、地址和联系方式，可不标示生产者的名称、地址和联系方式。

（7）日期标示　应清晰标示预包装食品的生产日期和保质期。如日期标示采用“见包装物某部位”的形式，应标示所在包装物的具体部位。日期标示不得另外加贴、补印或篡改（标示形式参见本资料单附录C）。

当同一预包装内含有多个标示了生产日期及保质期的单件预包装食品时，外包装上标示的保质期应按最早到期的单件食品的保质期计算。外包装上标示的生产日期应为最早生产的单件食品的生产日期，或外包装形成销售单元的日期；也可在外包装分别标示各单件装食品的生产日期和保质期。

应按年、月、日的顺序标示日期，如果不按此顺序标示，应注明日期标示顺序（标示形式参见本资料单附录C）。

（8）贮存条件　预包装食品标签应标示贮存条件（标示形式参见本资料单附录C）。

（9）食品生产许可证编号　预包装食品标签应标示食品生产许可证编号的，标示形式按照相关规定执行。

（10）产品标准代号　在国内产并在国内销售的预包装食品（不包括进口预包装食品）应标示产品所执行的标准代号和顺序号。

（11）其他标示内容

辐照食品：经电离辐射线或电离能量处理过的食品，应在食品名称附近标示“辐照食品”。

经电离辐射线或电离能量处理过的任何配料，应在配料表中标明。

转基因食品：转基因食品的标示应符合相关法律、法规的规定。

营养标签：特殊膳食类食品和专供婴幼儿的主辅类食品，应当标示主要营养成分及其含量，标示方式按照GB 13432—2013执行。

其他预包装食品如需标示营养标签，标示方式参照相关法规标准执行。

质量（品质）等级：食品所执行的相应产品标准已明确规定质量（品质）等级的，应标示质量（品质）等级。

2. 非直接提供给消费者的预包装食品标签标示内容

非直接提供给消费者的预包装食品标签应按照相应要求标示食品名称、规格、净含量、生产日期、保质期和贮存条件，其他内容如未在标签上标注，则应在说明书或合同中注明。

3. 标示内容的豁免

（1）下列预包装食品可以免除标示保质期：酒精度大于等于10%的饮料酒；食醋；食用盐；固态食糖类；味精。

（2）当预包装食品包装物或包装容器的最大表面面积小于10cm^{2}时（最大表面面积计算方法见本资料单附录A），可以只标示产品名称、净含量、生产者（或经销商）的名称和地址。

4. 推荐标示内容

（1）批号　根据产品需要，可以标示产品的批号。

（2）食用方法　根据产品需要，可以标示容器的开启方法、食用方法、烹调方法、复水再制方法等对消费者有帮助的说明。

（3）致敏物质　以下食品及其制品可能导致过敏反应，如果用作配料，宜在配料表中使用易辨识的名称，或在配料表邻近位置加以提示：含有麸质的谷物及其制品（如小麦、黑麦、大麦、燕麦、斯佩耳特小麦或它们的杂交品系）；甲壳纲类动物及其制品（如虾、龙虾、蟹等）；鱼类及其制品；蛋类及其制品；花生及其制品；大豆及其制品；乳及乳制品（包括乳糖）；坚果及其果仁类制品。

如加工过程中可能带入上述食品或其制品，宜在配料表临近位置加以提示。

5.其他

按国家相关规定需要特殊审批的食品，其标签标示按照相关规定执行。

附录A

包装物或包装容器最大表面面积计算方法

A.1 长方体形包装物或长方体形包装容器计算方法

长方体形包装物或长方体形包装容器的最大一个侧面的高度（cm）乘以宽度（cm）。

A.2 圆柱形包装物、圆柱形包装容器或近似圆柱形包装物、近似圆柱形包装容器计算方法

包装物或包装容器的高度（cm）乘以圆周长（cm）的40%。

A.3 其他形状的包装物或包装容器计算方法

包装物或包装容器的总表面积的40%。

如果包装物或包装容器有明显的主要展示版面，应以主要展示版面的面积为最大表面面积。

包装袋等计算表面面积时应除去封边所占尺寸。瓶形或罐形包装计算表面面积时不包括肩部、颈部、顶部和底部的凸缘。

附录B

食品添加剂在配料表中的标示形式

B.1 按照加入量的递减顺序全部标示食品添加剂的具体名称

配料：水，全脂奶粉，稀奶油，植物油，巧克力（可可液块，白砂糖，可可脂，磷脂，聚甘油蓖麻醇酯，食用香精，柠檬黄），葡萄糖浆，丙二醇脂肪酸酯，卡拉胶，瓜尔胶，胭脂树橙，麦芽糊精，食用香料。

B.2 按照加入量的递减顺序全部标示食品添加剂的功能类别名称及国际编码

配料：水，全脂奶粉，稀奶油，植物油，巧克力［可可液块，白砂糖，可可脂，

乳化剂（322，476），食用香精，着色剂（102）]，葡萄糖浆，乳化剂（477），增稠剂（407，412），着色剂（160b），麦芽糊精，食用香料。

B.3　按照加入量的递减顺序全部标示食品添加剂的功能类别名称及具体名称

配料：水，全脂奶粉，稀奶油，植物油，巧克力［可可液块，白砂糖，可可脂，乳化剂（磷脂，聚甘油蓖麻醇酯），食用香精，着色剂（柠檬黄）]，葡萄糖浆，乳化剂（丙二醇脂肪酸酯），增稠剂（卡拉胶，瓜尔胶），着色剂（胭脂树橙），麦芽糊精，食用香料。

B.4　建立食品添加剂项一并标示的形式

B.4.1　一般原则

直接使用的食品添加剂应在食品添加剂项中标注。营养强化剂、食用香精香料、胶基糖果中基础剂物质可在配料表的食品添加剂项外标注。非直接使用的食品添加剂不在食品添加剂项中标注。食品添加剂项在配料表中的标注顺序由需纳入该项的各种食品添加剂的总重量决定。

B.4.2　全部标示食品添加剂的具体名称

配料：水，全脂奶粉，稀奶油，植物油，巧克力（可可液块，白砂糖，可可脂，磷脂，聚甘油蓖麻醇酯，食用香精，柠檬黄），葡萄糖浆，食品添加剂（丙二醇脂肪酸酯，卡拉胶，瓜尔胶，胭脂树橙），麦芽糊精，食用香料。

B.4.3　全部标示食品添加剂的功能类别名称及国际编码

配料：水，全脂奶粉，稀奶油，植物油，巧克力［可可液块，白砂糖，可可脂，乳化剂（322，476），食用香精，着色剂（102）]，葡萄糖浆，食品添加剂［乳化剂（477），增稠剂（407，412），着色剂（160b）]，麦芽糊精，食用香料。

B.4.4　全部标示食品添加剂的功能类别名称及具体名称

配料：水，全脂奶粉，稀奶油，植物油，巧克力［可可液块，白砂糖，可可脂，乳化剂（磷脂，聚甘油蓖麻醇酯），食用香精，着色剂（柠檬黄）]，葡萄糖浆，食品添加剂［乳化剂（丙二醇脂肪酸酯），增稠剂（卡拉胶，瓜尔胶），着色剂（胭脂树橙）]，麦芽糊精，食用香料。

附录C

部分标签项目的推荐标示形式

C.1　概述

本附录以示例形式提供了预包装食品部分标签项目的推荐标示形式，标示相应项目时可选用但不限于这些形式。如需要根据食品特性或包装特点等对推荐形式调整使用的，应与推荐形式基本涵义保持一致。

C.2 净含量和规格的标示

为方便表述，净含量的示例统一使用质量为计量方式，使用冒号为分隔符。标签上应使用实际产品适用的计量单位，并可根据实际情况选择空格或其他符号作为分隔符，便于识读。

C.2.1 单件预包装食品的净含量（规格）可以有如下标示形式：

净含量（或净含量/规格）：450g；

净含量（或净含量/规格）：225克（200克+送25克）；

净含量（或净含量/规格）：200克+赠25克；

净含量（或净含量/规格）：（200+25）克。

C.2.2 净含量和沥干物（固形物）可以有如下标示形式（以“糖水梨罐头”为例）：

净含量（或净含量/规格）：425克沥干物（或固形物或梨块）：不低于255克（或不低于60%）。

C.2.3 同一预包装内含有多件同种类的预包装食品时，净含量和规格均可以有如下标示形式：

净含量（或净含量/规格）：40克×5；

净含量（或净含量/规格）：200克（5×40克）；

净含量（或净含量/规格）：200克（40克×5）；

净含量（或净含量/规格）：200克（5件）；

净含量：200克规格：5×40克；

净含量：200克规格：40克×5；

净含量：200克规格：5件；

净含量（或净含量/规格）：200克（100克+50克×2）；

净含量（或净含量/规格）：200克（80克×2+40克）；

净含量：200克规格：100克+50克×2；

净含量：200克规格：80克×2+40克。

C.2.4 同一预包装内含有多件不同种类的预包装食品时，净含量和规格可以有如下标示形式：

净含量（或净含量/规格）：200克（A产品40克×3，B产品40克×2）；

净含量（或净含量/规格）：200克（40克×3，40克×2）；

净含量（或净含量/规格）：100克A产品，50克×2B产品，50克C产品；

净含量（或净含量/规格）：A产品：100克，B产品：50克×2，C产品：50克；

净含量/规格：100克（A产品），50克×2（B产品），50克（C产品）；

净含量/规格：A产品100克，B产品50克×2，C产品50克。

C.3　日期的标示

日期中年、月、日可用空格、斜线、连字符、句点等符号分隔，或不用分隔符。年代号一般应标示4位数字，小包装食品也可以标示2位数字。月、日应标示2位数字。

日期的标示可以有如下形式：

2010年3月20日；

20100320；2010/03/20；20100320；

20日3月2010年；3月20日2010年；

（月/日/年）：03202010；03/20/2010；03202010。

C.4　保质期的标示

保质期可以有如下标示形式：

最好在……之前食（饮）用；……之前食（饮）用最佳；……之前最佳；

此日期前最佳……；此日期前食（饮）用最佳……；

保质期（至）……；保质期××个月（或××日，或××天，或××周，或×年）。

C.5　贮存条件的标示

贮存条件可以标示“贮存条件”“贮藏条件”“贮藏方法”等标题，或不标示标题。

贮存条件可以有如下标示形式：

常温（或冷冻，或冷藏，或避光，或阴凉干燥处）保存；

××–××°C保存；

请置于阴凉干燥处；

常温保存，开封后需冷藏；

温度：≤××°C，相对湿度：≤××%。

任务单

一、任务要求

GB 7718—2011《食品安全国家标准 预包装食品标签通则》是预包装食品标签检验与安全评价的国家标准。

依据本标准对直接提供给消费者的预包装食品标签进行检验与安全评价，并给出结论。

二、任务实施

（一）制定检验与评价方案

实验方案设计表

<table>
<tr><td>检验员</td><td colspan="5"></td></tr>
<tr><td>实验项目</td><td colspan="5">预包装食品标签检验与安全评价</td></tr>
<tr><td>实验时间</td><td></td><td>实验地点</td><td></td><td>指导教师</td><td></td></tr>
<tr><td>实验材料</td><td colspan="5">带完整包装的直接提供给消费者的预包装食品</td></tr>
<tr><td>标签检验与安全评价依据</td><td colspan="5"></td></tr>
<tr><td>标签检验项目</td><td colspan="5"></td></tr>
<tr><td>安全评价参考项目</td><td colspan="5"></td></tr>
</table>

（二）实验样品准备

实验样品登记表

组号	样品编号	样品品牌	样品名称	样品条形码	规格/数量	备注
1						
2						

（三）实验操作

（1）检验实验样品的包装标签。

（2）对实验样品进行安全评价。

（四）填写原始数据、记录检验和评价结果

预包装食品标签检验及食品安全评价表

序号	标准规定标示内容	检验结果	符合标准的标识描述	符合标准的标识内容	不符合标准的标识内容
1	基本要求	□符合 □不符合	产品标签清晰、易于消费者辨认和识读		
			产品标签未标示无科学依据或违背科学常识的宣传用语		
			产品标示的文字、图形不存在误导消费者的情况		
			非保健食品产品标签未标注或者暗示具有保健作用		
			标签（除商标外）使用规范的汉字		
			其他		
一般要求标示的内容					
2	食品名称	□符合 □不符合	食品名称能反映产品的真实属性		
			其他		
3	配料表	□符合 □不符合	标示各种配料、原料和食品添加剂		
			配料按照加入量的递减顺序排列（加入量不超过2%的除外）		
			复合配料标示原始配料（已有标准，且其加入量小于食品总量25%的复合配料除外）		
			食品添加剂按标准标示其通用名称		
			加入的水和可食用包装物在配料表中标示		
			标签或食品说明书上强调的配料标示添加量或含量		
			其他		
4	净含量及规格	□符合 □不符合	净含量的标示由净含量、数字和法定计量单位组成		
			净含量字符的最小高度符合规定		
			容器中含有固、液两相物质的食品，且固相物质为主要食品配料时，以正确形式标识净含量		
			同一预包装内含有多个单件预包装食品时，正确标示净含量和规格		
			其他		

续表

序号	标准规定标示内容	检验结果	符合标准的标识描述	符合标准的标识内容	不符合标准的标识内容
5	生产者、经销者的名称、地址和联系方式	□符合 □不符合	标示生产者依法登记注册、能够承担产品安全质量责任的名称、地址		
			有委托加工，正确标识委托单位和受委托单位的名称和地址		
			正确标识依法承担法律责任的生产者或经销者的联系方式		
			进口预包装食品标示原产国国名或地区区名（如香港、澳门、台湾），以及在中国依法登记注册的代理商、进口商或经销者的名称、地址和联系方式		
			其他		
6	生产日期	□符合 □不符合	预包装食品的生产日期标示清晰		
			实际生产日期标示部位与包装注明标示部位一致		
			日期标示未有另外加贴、补印或篡改迹象		
			正确标示年、月、日的顺序		
			其他		
7	保质期	□符合 □不符合	标示保质期		
			保质期标识清晰		
			保质期标示未有另外加贴、补印或篡改迹象		
			其他		
8	贮存条件	□符合 □不符合	标示贮存条件		
			其他		
9	食品生产许可证编号	□符合 □不符合	按照相关规定标示食品生产许可证编号		
			其他		
10	产品标准代号	□符合 □不符合	在国内生产并在国内销售的预包装食品（不包括进口预包装食品）标示产品所执行的标准代号和顺序号		
			其他		

续表

<table>
<tr><th>序号</th><th>标准规定标示内容</th><th>检验结果</th><th>符合标准的标识描述</th><th>符合标准的标识内容</th><th>不符合标准的标识内容</th></tr>
<tr><td colspan="6">其他标示内容</td></tr>
<tr><td rowspan="3">11</td><td rowspan="3">辐照食品</td><td rowspan="3">□符合
□不符合</td><td>经电离辐射线或电离能量处理过的食品，在食品名称附近标示“辐照食品”</td><td></td><td rowspan="3"></td></tr>
<tr><td>经电离辐射线或电离能量处理过的配料，在配料表中标示</td><td></td></tr>
<tr><td>其他</td><td></td></tr>
<tr><td rowspan="2">12</td><td rowspan="2">转基因食品</td><td rowspan="2">□符合
□不符合</td><td>转基因食品的标示符合相关法律、法规的规定</td><td></td><td rowspan="2"></td></tr>
<tr><td>其他</td><td></td></tr>
<tr><td rowspan="3">13</td><td rowspan="3">营养标签</td><td rowspan="3">□符合
□不符合</td><td>特殊膳食类食品和专供婴幼儿的主辅类食品，按照标准标示主要营养成分及其含量（豁免的食品种类除外）</td><td></td><td rowspan="3"></td></tr>
<tr><td>标识强制标示内容，如：能量、核心营养素含量值及其占营养素参考值的百分比，且比其他营养素醒目标示，如：增大字号、改变对齐方式、改变字体或颜色等（豁免的食品种类除外）</td><td></td></tr>
<tr><td>其他</td><td></td></tr>
<tr><td rowspan="2">14</td><td rowspan="2">质量等级</td><td rowspan="2">□符合
□不符合</td><td>食品所执行的相应产品标准已明确规定质量(品质)等级的，标示质量(品质)等级</td><td rowspan="2"></td><td rowspan="2"></td></tr>
<tr><td>其他</td></tr>
<tr><td colspan="6">推荐标示内容</td></tr>
<tr><td>15</td><td>批号</td><td>□符合
□不符合</td><td>根据产品需要，可以标示产品的批号。</td><td></td><td></td></tr>
<tr><td>16</td><td>食用方法</td><td>□符合
□不符合</td><td>根据产品需要，可以标示容器的开启方法、食用方法、烹调方法、复水再制方法等对消费者有帮助的说明</td><td></td><td></td></tr>
<tr><td>17</td><td>致敏物质</td><td>□符合
□不符合</td><td>某些食品及其制品可能导致过敏反应，如果用作配料，宜在配料表中使用易辨识的名称，或在配料表邻近位置加以提示；如加工过程中可能带入这些食品或其制品，宜在配料表临近位置加以提示</td><td></td><td></td></tr>
<tr><td colspan="6">检验人：</td></tr>
</table>

预包装食品是否在保质期内检验评价表

样品生产日期	样品保质期	样品是否在保质期内

检验人：

三、考核评价

预包装食品标签检验与安全评价考核评分标准

技能操作二　食品加工用水色度的测定与安全评价

资料单

一、原理

色度采用铂-钴标准比色法测定。用氯铂酸钾和氯化钴配制成与天然水黄色色调相似的标准色列，用于水样目视比色测定。规定1mg/L铂［以（$PtCl_6$）$^{2-}$形式存在］所具有的颜色作为1个色度单位，称为1度。即使轻微的浑浊度也干扰测定，浑浊水样测定时需先离心使之清澈。

本操作参考GB/T 5750.4—2006《生活饮用水标准检验方法　感官性状和物理指标》。

二、试剂和材料

除非另有规定，本方法所用试剂均为分析纯。水为GB/T 6682—2008规定的二级水。

（1）氯铂酸钾（K_2PtCl_6）。

（2）氯化钴（$CoCl_2 \cdot 6H_2O$）。

（3）盐酸（ρ_{20}=1.19g/mL）。

（4）铂-钴标准溶液：称取1.246g氯铂酸钾（K_2PtCl_6）和1.000g干燥的氯化钴（$CoCl_2 \cdot 6H_2O$），溶于100mL纯水中，加入100mL盐酸（HCl）（ρ_{20} = 1.19g/mL），用纯水定容至1000mL。此标准溶液的色度为500度。

三、仪器和设备

（1）天平：感量为1mg。

（2）成套高型无色具塞比色管：50mL。

（3）离心机。

四、分析步骤

1. 试样的处理

取50mL透明的水样于比色管中。如水样色度过高，可取少量水样，加纯水稀释后比色，将结果乘以稀释倍数。

2. 标准色列的配制

另取比色管11支，分别加入铂–钴标准溶液0，0.50，1.00，1.50，2.00，2.50，3.00，3.50，4.00，4.50，5.00mL，加纯水至刻度，摇匀，配制成色度为0，5，10，15，20，25，30，35，40，45，50度的标准色列，可长期使用。

3. 色度的测定

将水样与铂–钴标准色列比较。如水样与标准色列的色调不一致，即为异色，可用文字描述。

五、结果分析

色度按下式进行计算。

$$色度(度)=\frac{V_1\times 500}{V}$$

式中　V_1——相当于铂–钴标准溶液的用量，mL；

V——水样体积，mL。

任务单

一、任务要求

采用目视比色法完成水样色度的测定，能规范取样，掌握标准溶液和标准色列的配制方法，规范准确将水样与标准色列进行比色判定，准确计算水样的色度。

二、任务实施

（一）分组讨论，制定工作方案、确定人员分工

填写方案设计表（附表1）。

（二）试剂配制、仪器设备的准备

1.试剂配制

填写试剂配制表（附表2）。

2.仪器设备

填写所需仪器设备统计表（附表3）。

（三）实验操作

按照资料单中的分析步骤操作。

（四）填写原始数据

食品加工用水色度的检测原始数据记录单

<table>
<tr><td>样品名称</td><td colspan="2"></td><td colspan="3">样品编号</td><td colspan="2"></td><td colspan="3">检测项目</td><td colspan="2"></td></tr>
<tr><td>检测依据</td><td colspan="2"></td><td colspan="3">仪器设备名称</td><td colspan="2"></td><td colspan="3">仪器设备编号</td><td colspan="2"></td></tr>
<tr><td>检测地点</td><td colspan="2"></td><td colspan="3">室温（℃）</td><td colspan="2"></td><td colspan="3">相对湿度RH（%）</td><td colspan="2"></td></tr>
<tr><td rowspan="8">分析数据</td><td colspan="12">标准色列</td></tr>
<tr><td>序号</td><td>1</td><td>2</td><td>3</td><td>4</td><td>5</td><td>6</td><td>7</td><td>8</td><td>9</td><td>10</td><td>11</td></tr>
<tr><td>标液用量（mL）</td><td></td><td></td><td></td><td></td><td></td><td></td><td></td><td></td><td></td><td></td><td></td></tr>
<tr><td>标准色度（度）</td><td></td><td></td><td></td><td></td><td></td><td></td><td></td><td></td><td></td><td></td><td></td></tr>
<tr><td>序号</td><td colspan="6">样1</td><td colspan="5">样2</td></tr>
<tr><td>样品体积（mL）</td><td colspan="6"></td><td colspan="5"></td></tr>
<tr><td>稀释倍数</td><td colspan="6"></td><td colspan="5"></td></tr>
<tr><td>相当于标液用量（mL）</td><td colspan="6"></td><td colspan="5"></td></tr>
<tr><td>计算公式</td><td colspan="12"></td></tr>
</table>

续表

样品色度（度）	
安全评价结果	
检验人：	校核人：

三、考核评价

食品加工用水色度的测定与安全评价考核评分标准

果蔬加工安全评价知识点在线测试

NFC果汁加工仿真

果蔬片加工仿真

考核项目六 饮料加工安全评价

技能操作一 饮料的感官评价

资料单

一、原理

饮料的感官检验，主要是依靠人的视觉、嗅觉、味觉、触觉和听觉来鉴别，如饮料的外观形态、色泽、气味、滋味、硬度（稠度）、透明度或浑浊度以及是否有杂质等。

本操作参考GB 7101—2015《食品安全国家标准　饮料》。

二、试剂和材料

水为GB/T 6682—2008规定的二级水或去离子水。

三、仪器和设备

（1）50mL无色透明烧杯。

（2）白色瓷盘。

四、分析步骤

（1）液体饮料　取一定量混合均匀的被测样品置50mL无色透明烧杯中，在自然光下观察色泽，鉴别气味，用温开水漱口，品尝滋味检查其有无异物，浓缩饮料按产品标签标示的冲调比例稀释后进行检测。

（2）固体饮料　取5g左右的被测样品置于一洁净的白色瓷盘中，在自然光线下用肉眼观察其色泽和外观形态，按标签上所述的使用方法与透明的玻璃烧杯内冲溶稀释后，立即嗅其香气，辨其滋味，静置2min后，看烧杯底部有无异物。

任务单

一、任务要求

熟悉各类饮料的感官特性，掌握饮料的感官的判定标准和判定方法，能进行饮料的感官检验。

二、任务实施

（一）分组讨论，制定工作方案、确定人员分工

填写方案设计表（附表1）。

（二）试剂配制、仪器设备的准备

1.试剂配制

填写试剂配制表（附表2）。

2.仪器设备

填写所需仪器设备统计表（附表3）。

（三）实验操作

按照资料单中的分析步骤操作。

（四）填写原始数据

饮料感官评价记录单

<table>
<tr><td>样品名称</td><td colspan="3"></td><td colspan="2">样品编号</td><td colspan="2"></td><td colspan="3">样品质量（g）</td><td colspan="2"></td></tr>
<tr><td>检测地点</td><td colspan="3"></td><td colspan="2">检测项目</td><td colspan="2"></td><td colspan="3">检测依据</td><td colspan="2"></td></tr>
<tr><td>仪器名称</td><td colspan="3"></td><td colspan="2">室温（℃）</td><td colspan="2"></td><td colspan="3">相对湿度RH（%）</td><td colspan="2"></td></tr>
<tr><td rowspan="4">分析数据</td><td>序号</td><td>1</td><td>2</td><td>3</td><td>4</td><td>5</td><td>6</td><td>7</td><td>8</td><td>9</td><td>样1</td><td>样2</td></tr>
<tr><td>色泽</td><td></td><td></td><td></td><td></td><td></td><td></td><td></td><td></td><td></td><td></td><td></td></tr>
<tr><td>滋味、气味</td><td></td><td></td><td></td><td></td><td></td><td></td><td></td><td></td><td></td><td></td><td></td></tr>
<tr><td>状态</td><td></td><td></td><td></td><td></td><td></td><td></td><td></td><td></td><td></td><td></td><td></td></tr>
<tr><td>感官评价结果</td><td colspan="12"></td></tr>
<tr><td colspan="6">检验人：</td><td colspan="7">校核人：</td></tr>
</table>

三、考核评价

饮料感官评价考核评分标准

技能操作二　饮料pH的测定

资料单

一、原理

利用pH计测定待测饮料试样中的有效酸度（pH），以玻璃电极作为指示电极，甘汞电极作为参比电极，插入饮料中组成一个电化学原电池，其电动势的大小与溶液的pH有关（即在25℃时，每相差一个pH单位，就产生59.1mV的电极电位），从而可通过对原电池电动势的测量，在pH计上直接显示待测饮料试样的pH。

本操作参考GB 10468—1989《水果和蔬菜产品pH值的测定方法》。

二、试剂和材料

除非另有规定，本方法所用试剂均为分析纯。水为GB/T 6682—2008规定的二级水或去离子水。

（1）pH=1.68（25℃）标准缓冲溶液：精密称取在（54 ± 3)℃干燥4 ~ 5h的优级纯草酸三氢钾［$KH_3(C_2O_4)_2 \cdot 2H_2O$］12.61g，用无$CO_2$蒸馏水溶解，转移到1000mL的容量瓶中，并稀释到刻度，充分混合。

（2）pH=4.00（25℃）标准缓冲溶液：称取10.12g于110℃干燥2h并已冷却的邻苯二甲酸氢钾，用无CO_2蒸馏水溶解并稀释至1000mL。

（3）pH=6.86（25℃）标准缓冲溶液：称取（115 ± 5)℃下干燥2h并已冷却的优级纯磷酸二氢钾（KH_2PO_4）3.387g和优级纯无水磷酸氢二钠（Na_2HPO_4）3.533g，用无CO_2蒸馏水溶解并稀释到1000mL。

（4）pH=9.18（25℃）标准缓冲溶液：精密称取优级硼砂（$Na_2B_4O_7 \cdot 10H_2O$）3.80g，用无CO_2蒸馏水溶解并稀释到1000mL。

标准缓冲溶液通常能保存2 ~ 3个月，但发现有混浊、发霉或沉淀等现象时，不能继续使用。

三、仪器和设备

（1）酸度计：精确度为0.01。仪器应有温度补偿系统，若无温度补偿系统，应在20℃以下使用，并能防止外界感应电流的影响。

（2）复合电极：由玻璃指示电极和甘汞或银–氯化银参比电极组装而成。

（3）磁力搅拌器。

（4）高速组织捣碎机。

（5）水浴锅。

四、分析步骤

1. 试样的制备

（1）液态产品和易过滤的产品 将试样充分混合均匀。若试样含有 CO_2，则加热煮沸除去 CO_2，冷却备用。

（2）稠厚或半稠厚的产品和难以分离出液体的产品取一部分试样，在粉碎机中粉碎或在研钵中研磨，如果得到的试样仍较稠，则加入等量的蒸馏水混匀。

（3）粉状固体试样（固体饮料）取部分试样，置于烧杯中，加入 2 ～ 3倍质量或更多的蒸馏水，以得到合适的稠度。在水浴中加热30min，然后在粉碎机中搅拌均匀。

2. 酸度计的校正

（1）开启酸度计电源，预热30min，连接玻璃电极及甘汞电极，在读数开关放开的情况下调零。

（2）测量标准缓冲溶液的温度，调节酸度计温度补偿旋钮。

（3）将两电极浸入缓冲液中，按下读数开关，调节定位旋钮，使pH计指针在缓冲液的pH上，放开读数开关，指针回零，重复操作2次。

3. 饮料pH的测定（0.001 pH单位）

（1）用无CO_2的蒸馏水淋洗电极，并用滤纸吸干，再用制备好的饮料冲洗两电极，浸入样液。

（2）根据待测饮料样品温度调节酸度计温度补偿旋钮，将两电极插入样品中，按下读数开关，稳定1min，酸度计指针所指pH即为果汁饮料的pH。

（3）测量完毕后，将电极和烧杯清洗干净，并妥善保管。

（4）若检测待测试样粗略pH，还可以采用试纸法，最为简便。具体操作为：撕下一小片广泛试纸或精密试纸，用干净的玻璃棒沾上少量试样溶液（可按pH计测定法处理试样），滴在试纸的一端，使其呈色，在2 ~ 3 s内与标准色阶表进行比较（注意，不可将试纸直接投入待测液，呈色后的试纸亦不可与标准色阶表接触比色）。

4. 注意事项

（1）所用酸度计型号不同时，操作方法略有不同，应按说明书严格操作。

（2）新电极或很久未使用的干燥电极，必须预先浸在3 mol/L氯化钾溶液中浸泡24 h以上。

（3）使用时电极上端小孔的橡皮塞必须拔出，以防止产生扩散电位，影响测定结果。电极不用时，将橡皮塞橡塞入，以防止补充液干枯。

（4）电极内氯化钾溶液中不能有气泡，以防止断路。溶液中应保持有少许氯化钾晶体，以保证氯化钾溶液的饱和。

（5）取下电极保护帽后，切忌电极的玻璃泡与硬物接触。

（6）电极不用时，及时套上电极保护帽，帽内放少量外参比补充液3 mol/L氯化钾溶液，以保持电极球泡的湿润。使用前如发现帽中补充液干枯，应在3 mol/L氯化钾溶液中浸泡数小时，以保持电极使用性能。

（7）标准缓冲溶液的配制、保存、使用应严格按规定进行。

（8）每换一次样液，需将电极用蒸馏水清洗一次，擦干再用。

（9）电极应避免长期浸在蒸馏水、蛋白质溶液和酸性氟化物溶液中，避免与有机硅油接触。

（10）电极不能用四氯化碳、三氯乙烯、四氢呋喃等能溶解聚碳酸树脂的清洗液清洗，也不能用复合电极去测上述溶液。

（11）被测溶液中如含有易污染敏感球泡或堵塞液接界的物质而使电极钝化，会出现斜率降低。此时应选择适当溶液清洗，使电极复新。

（12）经长期使用后，如发现斜率有所降低，可将电极下端浸泡在氢氟酸溶液（4%）中3 ~ 5s，用蒸馏水洗净，在0.1 mol/L盐酸溶液中浸泡，使之活化。

五、结果分析

pH 读数准确至0.05。每份待测饮料样品平行测定2次，分别读取pH，求均值。

六、精密度

在重复性条件下获得的两次独立测定结果的绝对差值不得超过算术平均值的10 %。

任务单

一、任务要求

采用pH计完成样品中pH的测定，掌握饮料pH（酸度或有效酸度）的测定方法，能熟练进行pH的测定。

二、任务实施

（一）分组讨论，制定工作方案、确定人员分工

填写方案设计表（附表1）。

（二）试剂配制、仪器设备的准备

1.试剂配制

填写试剂配制表（附表2）。

2.仪器设备

填写所需仪器设备统计表（附表3）。

（三）实验操作

按照资料单中的分析步骤操作。

（四）填写原始数据

饮料 pH 的检测原始数据记录单

<table>
<tr><td>样品名称</td><td colspan="2"></td><td colspan="3">样品编号</td><td colspan="2"></td><td colspan="2">样品质量（g）</td><td></td></tr>
<tr><td>检测地点</td><td colspan="2"></td><td colspan="3">检测项目</td><td colspan="2"></td><td colspan="2">检测依据</td><td></td></tr>
<tr><td>仪器名称</td><td colspan="2"></td><td colspan="3">室温（℃）</td><td colspan="2"></td><td colspan="2">相对湿度RH
（%）</td><td></td></tr>
<tr><td rowspan="4">分析
数据</td><td>序号</td><td colspan="2">1</td><td>2</td><td colspan="2">算数平均值</td><td colspan="2">绝对差值</td><td colspan="2">绝对差值/算数平均值</td></tr>
<tr><td>样1</td><td colspan="2"></td><td></td><td colspan="2"></td><td colspan="2"></td><td colspan="2"></td></tr>
<tr><td>样2</td><td colspan="2"></td><td></td><td colspan="2"></td><td colspan="2"></td><td colspan="2"></td></tr>
<tr><td>样3</td><td colspan="2"></td><td></td><td colspan="2"></td><td colspan="2"></td><td colspan="2"></td></tr>
<tr><td>样品pH</td><td colspan="10">注意：结果保留2位有效数字</td></tr>
<tr><td>安全评价
结果</td><td colspan="10"></td></tr>
</table>

检验人：　　　　　　　　　　　　　　　　校核人：

三、考核评价

饮料 pH 的测定考核评分标准

技能操作三　饮料中可溶性固形物检测

资料单

一、原理

此方法适用于透明液体、半黏稠、含悬浮物及重糖的软饮料制品。在20℃时用折光计测量待测溶液的折光率，并用折光率与可溶性固形物含量的换算表或折光计上直接读出可溶性固形物的含量。用折光计法测定的可溶性固形物含量，在规定的制备条件和温度下，水溶液中蔗糖的浓度和所分析的样品有相同的折光率，此浓度以质量分数表示。

本操作参考GB/T 12143—2008《饮料通用分析方法》。

二、试剂和材料

除非另有规定，本方法所用试剂均为分析纯。水为GB/T 6682—2008规定的二级水或去离子水。

（1）溴代萘（$C_{10}H_7Br$）。

（2）乙醚（$C_4H_{10}O$）。

（3）纱布。

（4）脱脂棉。

三、仪器和设备

（1）阿贝折光计或其他折光计（测量范围0%～80%，精确度±0.1%）。

（2）组织捣碎机。

四、分析步骤

1.试液的制备

（1）透明液体制品　将试样充分混匀，直接测定。

（2）半黏稠制品（果浆、菜浆类）将试样充分混匀，用四层纱布挤出滤液，弃去最初几滴，收集滤液供测试用。

（3）含悬浮物质制品（果粒果汁饮料）将待测试样置于捣碎机中捣碎，用四层纱布挤出滤液，弃去最初几滴，收集滤液供测试用。

处理过的待测试样不宜久放，以免试样污染变质，影响测定结果。

2.折光计的校正

（1）在开始测量前必须先用标准玻璃块校正读数，将标准玻璃块的抛光面上加1滴溴代萘，贴在折射棱镜的抛光面上，标准玻璃块的抛光面应向上，以接受光线。

（2）调节读数镜内刻度值与标准玻璃块的标示值一致后，观察观测系统望远镜内明暗分界线是否在十字线中间，若有偏离则用附件方孔调节扳手转动分界线调节旋钮，使明暗分界线调整至中央，校正完毕。在以后的测量过程中不允许再动。

（3）校正完毕，取下标准玻璃块，用乙醚溶液将折射棱镜面擦洗干净即可进入测量工作。

3.测定

（1）将棱镜表面擦拭干净后，把被测液体用滴管滴2～3滴在进光棱镜的磨砂面上，合上棱镜并旋转棱镜，锁紧手柄扣紧两棱镜，静置1min。

（2）待试液均匀无气泡，并充满视野时，调节两反射镜，使光线射入棱镜中；旋转棱镜旋钮，使视野形成明暗两部分；旋转补偿器旋钮，使视野中除黑白两色外，无其他颜色；转动棱镜旋钮，使明暗分界线在十字交叉点上。

（3）读取目镜视野中的百分数或折射率，并记录棱镜温度。

五、结果分析

如目镜读数标尺刻度为百分数，即为可溶性固形物的质量分数，并按可溶性固形物对温度的校正表（表1）换算成20℃时标准的可溶性固形物质量分数；如目镜读数标尺为折射率，可换算为可溶性固形物的质量分数（表2）。并将上述质量分数换算为20℃时的可溶性固形物质量分数。

表1　折射率与可溶性固形物质量分数换算表

折射率	可溶性固形物的质量分数	折射率	可溶性固形物的质量分数	折射率	可溶性固形物的质量分数	折射率	可溶性固形物的质量分数
1.3330	0	1.3344	1	1.3359	2	1.3373	3

续表

折射率	可溶性固形物的质量分数	折射率	可溶性固形物的质量分数	折射率	可溶性固形物的质量分数	折射率	可溶性固形物的质量分数
1.3388	4	1.3723	25	1.4117	46	1.4581	67
1.3403	5	1.3740	26	1.4137	47	1.4605	68
1.3418	6	1.3758	27	1.4158	48	1.4628	69
1.3433	7	1.3775	28	1.4179	49	1.4651	70
1.3448	8	1.3793	29	1.4200	50	1.4676	71
1.3464	9	1.3811	30	1.4221	51	1.4700	72
1.3479	10	1.3829	31	1.4242	52	1.4737	73
1.3494	11	1.3847	32	1.4264	53	1.4749	74
1.3510	12	1.3865	33	1.4285	54	1.4774	75
1.3526	13	1.3883	34	1.4307	55	1.4899	76
1.3541	14	1.3902	35	1.4329	56	1.4825	77
1.3557	15	1.3920	36	1.4351	57	1.4850	78
1.3573	16	1.3939	37	1.4373	58	1.4876	79
1.3590	17	1.3958	38	1.4396	59	1.4901	80
1.3606	18	1.3978	39	1.4418	60	1.4927	81
1.3622	19	1.3997	40	1.4441	61	1.4954	82
1.3639	20	1.4016	41	1.4464	62	1.4980	83
1.3655	21	1.4036	42	1.4486	63	1.5007	84
1.3672	22	1.4056	43	1.4509	64	1.5033	85
1.3689	23	1.4076	44	1.4532	65		
1.3706	24	1.4096	45	1.4558	66		

表 2　可溶性固形物对温度的校正表（20℃）

温度（℃）	固形物的质量分数（%）														
	0	5	10	15	20	25	30	35	40	45	50	55	60	65	70
	减去校正值														
10	0.50	0.54	0.58	0.61	0.64	0.66	0.68	0.70	0.72	0.73	0.74	0.75	0.76	0.78	0.79
11	0.46	0.49	0.53	0.55	0.58	0.60	0.62	0.64	0.65	0.66	0.67	0.68	0.69	0.70	0.71
12	0.42	0.45	0.48	0.50	0.52	0.54	0.56	0.57	0.78	0.59	0.60	0.61	0.61	0.63	0.63

续表

温度（℃）	固形物的质量分数（%）														
	0	5	10	15	20	25	30	35	40	45	50	55	60	65	70
	减去校正值														
13	0.37	0.40	0.42	0.44	0.46	0.48	0.49	0.50	0.51	0.52	0.53	0.54	0.54	0.55	0.55
14	0.33	0.35	0.37	0.39	0.40	0.41	0.42	0.43	0.44	0.45	0.45	0.46	0.46	0.47	0.48
15	0.27	0.29	0.31	0.33	0.34	0.34	0.35	0.36	0.37	0.37	0.38	0.39	0.39	0.40	0.40
16	0.22	0.24	0.25	0.26	0.27	0.28	0.28	0.29	0.30	0.30	0.30	0.31	0.31	0.32	0.32
17	0.17	0.18	0.19	0.20	0.21	0.21	0.21	0.22	0.22	0.23	0.23	0.23	0.23	0.24	0.24
18	0.12	0.13	0.13	0.14	0.14	0.14	0.14	0.15	0.15	0.15	0.15	0.16	0.16	0.16	0.16
19	0.06	0.06	0.06	0.07	0.07	0.07	0.07	0.08	0.08	0.08	0.08	0.08	0.08	0.08	0.08
	加上校正值														
21	0.06	0.07	0.07	0.07	0.07	0.08	0.08	0.08	0.08	0.08	0.08	0.08	0.08	0.08	0.08
22	0.13	0.13	0.14	0.14	0.15	0.15	0.15	0.15	0.15	0.16	0.16	0.16	0.16	0.16	0.16
23	0.19	0.20	0.21	0.22	0.22	0.23	0.23	0.23	0.23	0.24	0.24	0.24	0.24	0.24	0.24
24	0.26	0.27	0.28	0.29	0.30	0.30	0.31	0.31	0.31	0.31	0.31	0.32	0.32	0.32	0.32
25	0.33	0.35	0.36	0.37	0.38	0.38	0.39	0.40	0.40	0.40	0.40	0.40	0.40	0.40	0.40
26	0.40	0.42	0.43	0.44	0.45	0.46	0.47	0.48	0.48	0.48	0.48	0.48	0.48	0.48	0.48
27	0.48	0.50	0.52	0.53	0.54	0.55	0.56	0.56	0.56	0.56	0.56	0.56	0.56	0.56	0.56
28	0.56	0.57	0.60	0.61	0.62	0.63	0.63	0.64	0.64	0.64	0.64	0.64	0.64	0.64	0.64
29	0.64	0.66	0.68	0.69	0.71	0.72	0.72	0.73	0.73	0.73	0.73	0.73	0.73	0.73	0.73
30	0.72	0.74	0.77	0.78	0.79	0.80	0.80	0.81	0.81	0.81	0.81	0.81	0.81	0.81	0.81

六、精密度

同一样品两次测定值之差，不应大于0.5%。取两次测定的算术平均值作为结果，精确到小数点后一位。

任务单

一、任务要求

采用阿贝折光计或其他折光计完成样品中可溶性固形物的测定，掌握饮料中可溶性固形物的测定方法，能进行饮料中可溶性固形物的检验。

二、任务实施

（一）分组讨论，制定工作方案、确定人员分工

填写方案设计表（附表1）。

（二）试剂配制、仪器设备的准备

1.试剂配制

填写试剂配制表（附表2）。

2.仪器设备

填写所需仪器设备统计表（附表3）。

（三）实验操作

按照资料单中的分析步骤操作。

（四）填写原始数据

饮料中可溶性固形物的检测原始数据记录单

<table>
<tr><td>样品名称</td><td></td><td colspan="2">样品编号</td><td></td><td>样品质量（g）</td><td></td></tr>
<tr><td>检测地点</td><td></td><td colspan="2">检测项目</td><td></td><td>检测依据</td><td></td></tr>
<tr><td>仪器名称</td><td></td><td colspan="2">室温（℃）</td><td></td><td>相对湿度RH（%）</td><td></td></tr>
<tr><td rowspan="4">分析数据</td><td>序号</td><td>1</td><td>2</td><td>算数平均值</td><td>绝对差值</td><td>绝对差值/算数平均值</td></tr>
<tr><td>样1</td><td></td><td></td><td></td><td></td><td></td></tr>
<tr><td>样2</td><td></td><td></td><td></td><td></td><td></td></tr>
<tr><td>样3</td><td></td><td></td><td></td><td></td><td></td></tr>
</table>

续表

样品可溶性固形物质量分数	注意：结果保留2位有效数字
安全评价结果	
检验人：	校核人：

三、考核评价

饮料中可溶性固形物检测考核评分标准

饮料加工安全评价知识点在线测试

葡萄酒酿造仿真

考核项目七 水产品加工安全评价

技能操作一 水产品新鲜度感官评价

资料单

一、原理

水产品（鱼、虾、蟹、贝等）死后，随放置时间的延长，鲜度会逐渐下降。鲜度下降是由于水产品体内生化变化及外界生物和理化因子综合作用的结果，会表现在感官指标上，通过感官指标的判断，可定性评定水产品的鲜度。

本操作参考GB/T 37062—2018《水产品感官评价指南》。

二、试剂和材料

样品的运输及保存依据GB 2733—2015《食品安全国家标准 鲜、冻动物性水产品》。

具完整个体的常见水产品（如鱼、对虾、海蟹、鱿鱼、乌贼等）。

三、仪器和设备

（1）白色瓷盘。

（2）手术刀。

（3）医用一次性手套。

四、鉴别指标

（一）鱼类新鲜度的鉴别

1. 体表鉴别

（1）新鲜鱼　具有鲜鱼固有的鲜明本色与光泽，黏液透明，鳞片完整、不易脱落，腹部正常，肛孔凹陷。

（2）次鲜鱼　体表黏液增加，不透明，鱼鳞光泽度稍差并易脱落，肛孔稍微突出。

（3）变质鱼　鱼鳞暗淡无光泽且易与外皮脱离，表面附有污秽黏液，肛孔鼓出，腹部膨胀或凹陷。

2. 气味鉴别

（1）新鲜鱼 具有鲜鱼固有的气味，无异味。

（2）次鲜鱼 具有一定的酸味。

（3）变质鱼 具有明显的腥味或氨臭味。

3. 鱼鳃鉴别

（1）新鲜鱼 鳃盖紧闭，不易打开，色泽鲜红，无黏液，鳃丝清晰。

（2）次鲜鱼 鳃盖较松，鳃丝粘连，呈淡红、暗红或灰红色。

（3）变质鱼 鳃色呈褐色，灰白色，鳃丝黏结，被覆有脓样黏液。

4. 眼球鉴别

（1）新鲜鱼 眼球饱满突出，角膜透明，眼面发亮。

（2）次鲜鱼 眼角膜起皱并稍变混浊，有时由于内溢血而发红。

（3）变质鱼 眼球塌陷或干瘪，角膜混浊，色泽灰暗。

5. 肉质鉴别

（1）新鲜鱼 肌肉结实而有弹性，用手指压后凹陷立即消失，肌肉的横断面有光泽，手拿鱼头悬空搁置时，鱼体略有弯曲。

（2）次鲜鱼 肌肉松软，手指压后凹陷不能立即消失，肌肉横断面无光泽，脊骨处有红色圆圈。

（3）变质鱼 肌肉松软无力，手指压后凹陷不消失，肌肉易与骨刺分离。

（二）对虾新鲜度的鉴别

1. 色泽鉴别

（1）新鲜对虾 虾体清洁，色泽鲜艳，外壳呈半透明且具有光泽，虾黄呈自然色。

（2）次鲜对虾 虾体呈暗灰或青灰色，缺乏光泽，但虾体尚未变红，虾黄色泽稍暗。

（3）变质对虾 虾体色泽变红，无光泽，甲壳变黑。

2. 体表鉴别

（1）新鲜对虾 虾体完整，甲壳与虾体连接紧密，头胸部和腹部联接膜不破裂；虾体清洁，允许渗出清水和局部渗血水。

（2）次鲜对虾 虾体基本完整，允许甲壳断节，但不脱落，头胸部和腹部的联接膜可有不完全的破裂；虾体清洁，允许渗血水。

（3）变质对虾 甲壳与虾体分离，头胸部和腹部脱开，虾体污秽不洁。

3. 肌肉鉴别

（1）新鲜对虾 虾体肉质紧密，富有弹性。

（2）次鲜对虾 虾体肉质稍软，弹性稍差。

（3）变质对虾 虾体肉质松软。

4. 气味鉴别

（1）新鲜对虾　具有鲜虾固有的气味，无异味。

（2）次鲜对虾　无异常的臭味。

（3）变质对虾　具有明显的腥臭味或氨臭味。

（三）海蟹新鲜度的鉴别

1. 体表鉴别

（1）新鲜蟹　体表色泽鲜艳，背壳纹理清晰而有光泽；腹部甲壳和中央沟部的色泽洁白具有光泽，脐上部无胃印。

（2）次鲜蟹　体表色泽微暗，光泽度差；腹脐部可出现轻微的“印迹”，腹部中央沟色泽变暗。

（3）变质蟹　体表及腹部甲壳色暗，无光泽；腹部中央沟出现灰褐色斑纹或斑块，或能见到黄色颗粒状滚动物质。

2. 鳃部鉴别

（1）新鲜蟹　鳃丝清晰，白色或稍带微褐色。

（2）次鲜蟹　鳃丝尚清晰，色变暗，无异味。

（3）变质蟹　鳃丝污秽模糊，呈暗灰色或暗褐色。

3. 肢体与鲜活度鉴别：

（1）新鲜蟹　肢体连接紧密，提起蟹体时，不松弛也不下垂，活蟹反应机敏，动作快速有力。

（2）次鲜蟹　生命力有明显衰减，反应迟钝，动作缓慢而软弱无力，肢体连接程度较差，提蟹时蟹足轻度下垂或挠动。

（3）变质蟹　无生命体征，肢体连接程度很差，提蟹时蟹足与蟹背呈垂直状态，足残缺不全。

（四）头足类（鱿鱼或乌贼）新鲜度的鉴别

1. 外观鉴别

（1）新鲜品　体态匀称，具正常体色和光泽，表皮完整，背部及腹部呈青白色或微红色（鱿鱼可有紫色点，乌贼表皮的墨汁容易擦去）。

（2）次鲜品　表皮稍有破损，呈自然混色（乌贼的墨汁不易擦去）。

（3）变质品　体态松软，色泽减退或无光泽。

2. 肉质鉴别

（1）新鲜品　肌肉紧密坚实，有弹性，手摸有爽滑感，切面呈洁白色。

（2）次鲜品　肌肉较紧密，弹性稍差，手摸具有一定的黏滞感，切面呈白色或乳白色。

（3）变质品　肌肉松软，弹性差，手摸黏滞感明显，切面呈灰白色或黄白色。

3. 气味鉴别

（1）新鲜品　具固有气味，无异味。

（2）次鲜品　无异味。

（3）变质品：有明显的酸臭味。

五、评定标准

采用0～10分的分级标准对水产品的新鲜度进行评价。

鱼类的评定指标为体表、气味、鱼鳃、眼球和肉质五个。每个指标判定为新鲜鱼，得2分；判定为次鲜鱼，得1分；判定为变质鱼，得0分。

对虾的评定指标为色泽、体表、肌肉和气味四个。其中，色泽和体表指标判定为新鲜对虾，得3分；判定为次鲜对虾，得1～2分；判定为变质对虾，得0分。肌肉和气味指标判定为新鲜对虾，得2分；判定为次鲜对虾，得1分；判定为变质对虾，得0分。

海蟹的评定指标为体表、鳃部和肢体与鲜活度三个。其中，外观指标判定为新鲜蟹，得3～4分；判定为次鲜蟹，得1～2分；判定为变质蟹，得0分。体表和鳃部指标判定为新鲜蟹，得3分；判定为次鲜蟹，得1～2分；判定为变质蟹，得0分。

头足类的评定指标为外观、肉质和气味三个。其中，外观指标判定为新鲜品，得3～4分；判定为次鲜品，得1～2分；判定为变质品，得0分。肉质和气味指标判定为新鲜品，得3分；判定为次鲜品，得1～2分；判定为变质品，得0分。

总得分为7～10分为一级品；总得分为4～6分为二级品；总得分为1～3分为三级品。

任务单

一、任务要求

任选一种水产品，通过感官指标对其新鲜度进行评定，能熟练运用观察体表、色泽、肌肉、肢体等部位的特征，以及闻气味的方法对水产品的质量实施鉴别，能正确使用标准术语描述各感官指标的性状，能正确评定各项感官指标的得分，并综合判定水产品的质量等级。

二、任务实施

（一）分组讨论，制定工作方案、确定人员分工

填写方案设计表（附表1）。

（二）仪器设备的准备

填写所需仪器设备统计表（附表2）。

（三）实验操作

任选一种水产品进行感官质量鉴定。

（四）填写原始数据

鱼类样品的新鲜度评定原始数据记录单

<table>
<tr><td>样品名称</td><td></td><td>样品编号</td><td></td><td>样品质量（g）</td><td></td></tr>
<tr><td>检测地点</td><td></td><td>检测项目</td><td></td><td>检测依据</td><td></td></tr>
<tr><td>设备名称</td><td></td><td>室温（℃）</td><td></td><td>相对湿度RH（%）</td><td></td></tr>
<tr><td rowspan="7">鉴定过程</td><td>感官指标</td><td colspan="3">性状描述</td><td>得分</td></tr>
<tr><td>体表</td><td colspan="3"></td><td></td></tr>
<tr><td>气味</td><td colspan="3"></td><td></td></tr>
<tr><td>鱼鳃</td><td colspan="3"></td><td></td></tr>
<tr><td>眼球</td><td colspan="3"></td><td></td></tr>
<tr><td>肉质</td><td colspan="3"></td><td></td></tr>
<tr><td colspan="4">总分</td><td></td></tr>
<tr><td>鱼类样品的质量等级</td><td colspan="5"></td></tr>
<tr><td>安全评价结果</td><td colspan="5"></td></tr>
<tr><td colspan="3">检验人：</td><td colspan="3">校核人：</td></tr>
</table>

对虾样品的新鲜度评定原始数据记录单

样品名称		样品编号		样品质量（g）	
检测地点		检测项目		检测依据	
设备名称		室温（℃）		相对湿度RH（%）	

续表

<table>
<tr><td rowspan="6">鉴定过程</td><td>感官指标</td><td>性状描述</td><td>得分</td></tr>
<tr><td>色泽</td><td></td><td></td></tr>
<tr><td>体表</td><td></td><td></td></tr>
<tr><td>肌肉</td><td></td><td></td></tr>
<tr><td>气味</td><td></td><td></td></tr>
<tr><td colspan="2">总分</td><td></td></tr>
<tr><td>对虾样品的质量等级</td><td colspan="3"></td></tr>
<tr><td>安全评价结果</td><td colspan="3"></td></tr>
<tr><td colspan="2">检验人：</td><td colspan="2">校核人：</td></tr>
</table>

海蟹样品的新鲜度评定原始数据记录单

<table>
<tr><td>样品名称</td><td colspan="2"></td><td>样品编号</td><td></td><td>样品质量（g）</td><td></td></tr>
<tr><td>检测地点</td><td colspan="2"></td><td>检测项目</td><td></td><td>检测依据</td><td></td></tr>
<tr><td>设备名称</td><td colspan="2"></td><td>室温（℃）</td><td></td><td>相对湿度RH（%）</td><td></td></tr>
<tr><td rowspan="5">鉴定过程</td><td>感官指标</td><td colspan="4">性状描述</td><td>得分</td></tr>
<tr><td>体表</td><td colspan="4"></td><td></td></tr>
<tr><td>鳃部</td><td colspan="4"></td><td></td></tr>
<tr><td>肢体与鲜活度</td><td colspan="4"></td><td></td></tr>
<tr><td colspan="5">总分</td><td></td></tr>
<tr><td>海蟹样品的质量等级</td><td colspan="6"></td></tr>
<tr><td>安全评价结果</td><td colspan="6"></td></tr>
<tr><td colspan="3">检验人：</td><td colspan="4">校核人：</td></tr>
</table>

头足类样品的新鲜度评定原始数据记录单

<table>
<tr><td>样品名称</td><td></td><td>样品编号</td><td></td><td>样品质量（g）</td><td></td></tr>
<tr><td>检测地点</td><td></td><td>检测项目</td><td></td><td>检测依据</td><td></td></tr>
<tr><td>设备名称</td><td></td><td>室温（℃）</td><td></td><td>相对湿度RH（%）</td><td></td></tr>
<tr><td rowspan="5">鉴定过程</td><td>感官指标</td><td colspan="3">性状描述</td><td>得分</td></tr>
<tr><td>外观</td><td colspan="3"></td><td></td></tr>
<tr><td>肉质</td><td colspan="3"></td><td></td></tr>
<tr><td>气味</td><td colspan="3"></td><td></td></tr>
<tr><td colspan="4">总分</td><td></td></tr>
<tr><td>头足类样品的质量等级</td><td colspan="5"></td></tr>
<tr><td>安全评价结果</td><td colspan="5"></td></tr>
<tr><td colspan="3">检验人：</td><td colspan="3">校核人：</td></tr>
</table>

三、考核评价

水产品新鲜度感官评价考核评分标准

技能操作二　精密pH试纸鉴定鱼的新鲜度

资料单

一、原理

新鲜肉品或鱼类为弱酸性，由于腐败过程中蛋白质分解出氨和胺类物质，会导致肉品或鱼类逐渐趋于碱性，使pH升高。因此，通过测定肉品或鱼类的pH，可作为判定其新鲜度的参考指标之一。

二、试剂和材料

（1）各种不同鲜度的整鱼。

（2）精密pH试纸（pH范围：5.5～9.0）。

（3）饱和氯化钾溶液。

三、仪器和设备

（1）台秤（感量0.01g）。

（2）组织捣碎机。

（3）白色瓷盘。

（4）手术刀。

（5）50mL烧杯。

（6）医用一次性手套。

四、分析步骤

1. 方法一

（1）用清洁干净的手术刀将鱼肉沿肌纤维横断面切开剖面，但不将肉完全切断。

（2）撕下一条pH试纸，以其长度2/3紧贴向剖面，合拢剖面，紧紧夹住试纸。

（3）等待5min后取出试纸，与标准比色板进行比较，直接读取pH的近似值。

2. 方法二

（1）用四分法区鱼的肌肉部位，用组织捣碎机制成匀浆备用。

（2）称取5g（精确至0.01g）鱼肉匀浆置于50mL烧杯内，加入约50mL饱和氯化钾溶液制备成匀浆试样，用玻璃棒搅拌均匀，静置10 ～15min。

（3）取一条pH试纸，用洁净干燥的玻璃棒沾取匀浆试样滴在pH试纸1/3处，数秒钟后与标准比色板进行比较，直接读取pH的近似值。

五、评定标准

新鲜鱼：pH为6.5～6.8；次鲜鱼：pH为6.9～7.0；变质鱼：pH为7.1以上。

任务单

一、任务要求

通过精密pH试纸测到鱼肉的pH对鱼类样品的新鲜度进行评定，能熟练并准确切开鱼肉剖面，能熟练制备鱼的肌肉组织匀浆，能正确使用pH试纸并与标准比色板比对读取准确的pH。

二、任务实施

（一）分组讨论，制定工作方案、确定人员分工

填写方案设计表（附表1）。

（二）仪器设备的准备

填写所需仪器设备统计表（附表3）。

（三）实验操作

按照资料单中的分析步骤进行操作。

（四）填写原始数据

精密 pH 试纸鉴定鱼的新鲜度原始数据记录单

<table>
<tr><td>样品名称</td><td></td><td>样品编号</td><td></td><td>样品质量（g）</td><td></td></tr>
<tr><td>检测地点</td><td></td><td>检测项目</td><td></td><td>检测依据</td><td></td></tr>
<tr><td>设备名称</td><td></td><td>室温（℃）</td><td></td><td>相对湿度RH（%）</td><td></td></tr>
<tr><td rowspan="8">分析数据</td><td colspan="5">非均质化试样</td></tr>
<tr><td rowspan="2">pH</td><td>样1</td><td>样2</td><td>样3</td><td>平均值</td></tr>
<tr><td></td><td></td><td></td><td></td></tr>
<tr><td colspan="5">均质化试样</td></tr>
<tr><td>匀浆试样质量（g）</td><td colspan="4"></td></tr>
<tr><td rowspan="2">pH</td><td>样1</td><td>样2</td><td>样3</td><td>平均值</td></tr>
<tr><td></td><td></td><td></td><td></td></tr>
</table>

续表

鱼类样品的新鲜程度	
安全评价结果	
检验人:	校核人:

三、考核评价

精密 pH 试纸鉴定鱼的新鲜度考核评分标准

技能操作三　水煮试验鉴定鱼的新鲜度

资料单

一、原理

对鲜度稍差或有轻度异味的鱼，以感官鉴别方法判断其品质鲜度较困难时，可以采用水煮试验，嗅气味，品尝滋味，结合对汤汁的观察来鉴别。

二、试剂和材料

（1）各种不同鲜度的整鱼。

（2）清水。

三、仪器和设备

（1）电子秤（感量1g）。

（2）白色瓷盘。
（3）切肉刀。
（4）手术刀。
（5）电磁炉。
（6）汤锅。
（7）医用一次性手套。

四、分析步骤

（1）取一条整鱼，先用清水清洗干净，再用刀刮去鱼鳞，切去鱼头，剖开鱼肚，取出鱼内脏，再用清水清洗。

（2）将处理过的鱼切成3cm左右的鱼段。

（3）称取0.1 ~ 0.3kg切好的鱼段作为样品。

（4）用汤锅盛一定体积的清水，待用电磁炉煮沸后，放入称量好的鱼段（若水不够可继续加入清水，至水刚没过样品为止），盖严锅盖继续煮沸。

（5）待再次煮沸时，关闭电磁炉电源，停止加热，然后掀开锅盖，先嗅其蒸气的气味，再观察汤汁色泽，最后品尝汤汁的滋味。

五、评定标准

1. 气味鉴别

（1）新鲜品的气味　具有本种类固有的香味；
（2）变质品的气味　有腥臭味或有氨味。

2. 汤汁鉴别

（1）新鲜品的汤汁　汤汁清澈，带有本种类色素的色泽，汤内无碎肉；
（2）变质品的汤汁　汤汁混浊，肉质腐败脱落，悬浮于汤内。

3. 滋味鉴别

（1）新鲜品的滋味　具有本种类固有的鲜美味道，肉质口感有弹性；
（2）变质品的滋味　无鲜味，肉质发糜烂，有刺鼻的氨臭味。

任务单

一、任务要求

采用水煮试验，通过气味、汤汁和滋味等感官指标对鱼类样品的新鲜度进行鉴定，能熟练地嗅出、观察和品尝鱼肉汤汁的气味、色泽和口感，能正确使用标准术语描述各感官指标的性状，能综合气味、滋味和口味的性状对鱼类样品的新鲜度进行正确评判。

二、任务实施

（一）分组讨论，制定工作方案、确定人员分工

填写方案设计表（附表1）。

（二）仪器设备的准备

填写所需仪器设备统计表（附表2）。

（三）实验操作

按照资料单中的分析步骤进行操作。

（四）填写原始数据

水煮试验鉴定鱼的新鲜度原始数据记录单

<table>
<tr><td>样品名称</td><td></td><td>样品编号</td><td></td><td>样品质量（g）</td><td></td></tr>
<tr><td>检测地点</td><td></td><td>检测项目</td><td></td><td>检测依据</td><td></td></tr>
<tr><td>设备名称</td><td></td><td>室温（℃）</td><td></td><td>相对湿度RH（%）</td><td></td></tr>
<tr><td rowspan="4">鉴定过程</td><td>感官指标</td><td colspan="4">性状描述</td></tr>
<tr><td>气味</td><td colspan="4"></td></tr>
<tr><td>汤汁</td><td colspan="4"></td></tr>
<tr><td>滋味</td><td colspan="4"></td></tr>
<tr><td>样品的新鲜度评价</td><td colspan="5"></td></tr>
<tr><td>安全评价结果</td><td colspan="5"></td></tr>
</table>

检验人：　　　　　　　　　　校核人：

三、考核评价

水煮试验鉴定鱼的新鲜度考核评分标准

水产品加工安全评价知识点在线测试

大型水产品加工仿真

大型鱼罐头加工仿真

对虾加工工艺仿真

鱿鱼加工仿真

模块三

粮农食品安全检测与评价

通过对粮农食品中微生物、农药残留、兽药残留、添加剂及非法添加物检测与安全评价五个项目的知识资料单的学习和任务单的操作实践，了解和掌握玻璃器皿包扎、培养基的配制、农药残留、兽药残留、食品添加剂和非法添加物等的快速检测知识和技能，能够很好地理解粮农食品安全评价的重要性，培养安全操作实验意识和规范操作实验技能，强化责任意识，增强职业荣誉感。

考核项目一 微生物检测安全评价

技能操作一 吸量管、培养皿和三角瓶的包扎

资料单

一、原理

玻璃器皿灭菌前，经报纸等严密包扎。当灭菌后取出，这包扎可有效阻隔环境空气中细菌等微生物的污染。

二、试剂和材料

（1）1mL吸量管。

（2）90mm培养皿6～8套。

（3）250mL三角瓶 。

（4）旧报纸或牛皮纸。

（5）棉绳。

（6）橡皮筋。

（7）剪刀。

（8）脱脂棉。

（9）回形针。

三、操作步骤

1.吸量管包扎

（1）用回形针在吸量管粗头顶端约1～2mm处，塞松紧适度的棉花（1～1.5cm长），用打火机或酒精灯烧掉遗留在外面的棉花。

（2）撕取适当宽度4～5cm的报纸条。

（3）将吸管尖端斜放在报纸条一端，并与之呈30°～45°，将报纸条覆折一小段，从吸量管尖端始往吸管口方向螺旋形紧致包卷。

（4）将报纸条尾部在吸管口段裹紧，打结。

2.培养皿包扎

将6～8个培养皿紧密叠放，朝向一致地侧放于长方形报纸的宽边这一端的中间位置。用报纸将培养皿贴紧包裹，边往报纸另一端滚动，边对折起两侧的报纸。如此操作直至完全到达报纸长边的顶端。竖直已包起的培养皿，交叉收叠余下的报纸条尾部使折面整齐。倒置培养皿，再收叠另一端的报纸条尾部，使折面整齐紧致。

3.三角瓶的包扎

裁适当大小的报纸，合围式或环形覆盖包裹带塞的三角瓶口；将棉绳三角瓶颈围绕数圈并拉紧；将棉绳末端打活结系紧。

任务单

一、任务要求

采用报纸或者牛皮纸包扎1mL吸量管1支、培养皿6～8个、250mL三角瓶一个。

二、任务实施

按照资料单中的操作步骤进行操作。

三、考核评价

吸量管、培养皿和三角瓶的包扎考核评分标准

技能操作二　倒平板、划线和涂布接种

资料单

一、原理

接种是将微生物接种到适于生长繁殖的人工培养基上或活的生物体内的过程。通

过划线、涂布等方式，采用无菌操作将混杂在一起的微生物接种到固体培养基上，经培养后分离得到独立分布的、肉眼可见的单菌落。

二、试剂和材料

（1）营养琼脂培养基200mL。
（2）90mm培养皿8套。
（3）250mL三角瓶。
（4）接种环。
（5）棉手套。
（6）涂布棒。
（7）酒精灯。
（8）打火机。
（9）无菌吸管1mL。
（10）试管斜面1支。
（11）75%酒精棉。

三、仪器和设备

（1）水浴锅。
（2）培养箱。

四、操作步骤

1.倒平板

（1）用75%酒精棉消毒手和台面，点燃酒精灯。
（2）在酒精灯旁，将三角瓶口过火。
（3）取下三角瓶塞；在近火焰处，左手拿平皿，底朝下，盖在上，以无名指、中指和小指托底，拇指、食指将皿盖揭开，与皿底呈20°将培养皿打开小口，将熔化冷却至50℃左右的培养基倒15～20mL入培养皿，皿盖复原，将培养皿放在台面转动均匀使培养基平铺皿底。
（4）将三角瓶塞过火，盖回三角瓶。
（5）待培养基凝固后倒置培养皿。

2.平板划线接种

用75%酒精棉消毒手和台面，点燃酒精灯。灼烧接种环的金属环，将金属杆过火。将试管口过火，打开试管塞，先将接种环接触试管内壁或未长菌的培养基冷却，然后轻触斜面菌苔后退出，试管口和塞子过火后塞紧。在酒精灯旁将培养皿打开一个小口，用接种环在培养基表面进行分区划线，注意勿划破培养基，每划完一个小区须将接种环灼烧灭菌，平皿旋转适宜角度，后区划线第一条线应经过一次前区。完成后退出，盖上培养皿。灼烧接种环后归置原处。待培养基凝固后，倒置于恒温培养箱培养。

3.涂布分离接种

用75%酒精棉消毒手和台面，点燃酒精灯。在酒精灯旁，打开含已凝固平板的培养皿，用1mL无菌吸管加入0.1mL菌液样品到培养基平板中央。右手持涂布棒，左手拿培养皿。将涂布棒过火，待冷却。在近火焰处左手拇指将皿盖打开一个小口，右手持涂布棒在培养皿平板表面将菌液样品自平板中央向四周涂布均匀扩散于培养基表面，注意勿用力过猛将菌液直接推向平板边缘或将培养基划破。静置5min待液体吸收后，倒置，放入培养箱。

任务单

一、任务要求

完成倒平板、分区划线、涂布各两个培养皿等无菌操作。

二、任务实施

按照资料单中的操作步骤操作。

三、考核评价

倒平板、划线和涂布接种考核评分标准

技能操作三 霉菌水浸片制作及镜检

资料单

一、原理

霉菌的营养体是菌丝体，按菌丝中有无横膈膜分为有隔菌丝和无隔菌丝。霉菌菌丝体和孢子是霉菌分类的重要依据。将霉菌置于乳酸酚棉蓝染色液中，制成霉菌制片镜检。经显微放大后，可以观察到着色后的菌丝和孢子结构。

二、试剂和材料

（1）霉菌材料。
（2）镊子。
（3）载玻片。
（4）盖玻片。
（5）乳酸酚棉蓝染色液。
（6）接种环。
（7）解剖针。
（8）酒精灯。
（9）打火机。

三、仪器和设备

显微镜。

四、操作步骤

1.霉菌水浸片制作

（1）用75%酒精棉消毒手和台面，点燃酒精灯。
（2）用镊子取出酒精浸泡的载玻片，过火。
（3）滴加一滴乳酸酚棉蓝染色液在载玻片中央，用接种环在酒精灯旁钩取少量霉菌菌丝置于染色液中；另外一只手用解剖针配合挑散菌丝。
（4）用镊子夹取一洁净的盖玻片，先使其一边接触染液，然后靠水滴缓缓放下盖玻片，避免产生气泡。接种环和解剖针灼烧后归置。

2.镜检观察

（1）一手拿显微镜臂一手托住显微镜底部，从显微镜箱中取出，轻轻平放桌上，用擦镜纸擦目镜和物镜。

（2）插上电源，打开照明。将水浸片放入载物台。先在最低倍数的物镜下观察找到霉菌位置，转动粗准焦螺旋，调整亮度使画面清晰；转换40×物镜观察，调整微调螺旋和光线，选择霉菌菌丝及孢子，确定合适视野。

（3）下降载物台，取下载玻片，将物镜转离通光孔或转动转换器使最低倍数的物镜对准通光孔，复原载物台。盖上罩子，将显微镜放回原柜中。

任务单

一、任务要求

制作一个霉菌水浸片；在显微镜下观察菌丝及孢子，提供至少一个适宜视野。

二、任务实施

按照资料单中的操作步骤进行操作。

三、考核评价

霉菌水浸片制作及镜检考核评分标准

技能操作四 培养基制备与灭菌

资料单

一、原理

培养基是由人工配制的适合微生物生长繁殖和积累代谢产物的营养物质，包含细菌所需要的营养成分。经过定量配制，包扎灭菌后，可用于细菌培养。

二、试剂和材料

（1）营养琼脂培养基（粉）。
（2）称量纸。
（3）250mL三角瓶。
（4）旧报纸或牛皮纸。
（5）棉绳。
（6）200mL烧杯。
（7）药勺。
（8）三角瓶塞。
（9）量筒。
（10）玻璃棒。
（11）pH试纸。

三、仪器和设备

（1）高压蒸汽灭菌锅。
（2）电子天平。
（3）电炉。

四、操作步骤

1.培养基配制

（1）查看营养琼脂培养基试剂瓶标签说明，根据要求计算所需试剂的用量。
（2）称量营养琼脂培养基置于三角瓶中，量好并放入适量的蒸馏水。
（3）将三角瓶置于电炉上加热，用玻璃棒搅匀，加热至透明。
（4）补足水分，用pH试纸检查pH。根据要求，用1mol/L NaOH或HCl溶液调节，然后用报纸包扎好三角瓶。
（5）填写电子天平使用登记表。

2.高压蒸汽灭菌

通电源。打开盖子，检查水位，保持水位在合适的位置。放入待灭菌的物品，关上盖子。设定程序，确认灭菌温度和灭菌时间，启动灭菌。灭菌完成，屏幕显示complete，检查压力表上指示为0。打开灭菌锅，取出物品。关闭电源，待蒸汽散尽后，关闭灭菌锅。填写高压蒸汽锅使用登记表。

任务单

一、任务要求

经计算称量配制150mL营养琼脂培养基，包扎后高压蒸汽灭菌。

二、任务实施

按照资料单中的操作步骤进行操作。

三、考核评价

培养基制备与灭菌考核评分标准

微生物检测安全评价知识点在线测试

微生物检测仿真

参考文献

［1］杨玉红，陈淑范.食品微生物学［M］.武汉：武汉理工大学出版社，2018.
［2］李莉，冯小俊.微生物基础技术［M］. 北京：化学工业出版社，2016.
［3］王瑞兰.食品微生物检验技术［M］. 北京：科学出版社，2020.
［4］黄秀梨.微生物学［M］.北京：高等教育出版社，2009.

考核项目二 农药残留检测安全评价

技能操作一 蔬菜中有机磷和氨基甲酸酯类农残快速检测（速测卡法）

资料单

一、原理

胆碱酯酶可催化靛酚乙酸酯（红色）水解为乙酸与靛酚（蓝色），有机磷或氨基甲酸酯类农药对胆碱酯酶有抑制作用，使催化、水解、变色的过程发生改变，由此可判断出样品中是否含有高剂量有机磷或氨基甲酸酯类农药的存在。

本操作参考GB/T 5009.199—2003《蔬菜中有机磷和氨基甲酸酯类农药残留量的快速检测》。

二、试剂和材料

（1）固化有胆碱酯酶和靛酚乙酸酯试剂的纸片（速测卡）。

（2）pH7.5缓冲溶液：分别取15.0g磷酸氢二钠（$Na_2HPO_4 \cdot 12H_2O$）与1.59g 无水磷酸二氢钾（KH_2PO_4），用500mL蒸馏水溶解。

三、仪器和设备

（1）常量天平。

（2）有条件时配备37℃ ± 2℃恒温装置。

四、分析步骤

1. 整体测定法

（1）选取有代表性的蔬菜样品，擦去表面泥土，剪成1cm左右见方碎片，取5g放入带盖瓶中，加入10mL缓冲溶液，振摇50次，静置2min以上。

（2）取一片速测卡，用白色药片沾取提取液，放置10min以上进行预反应，有条件时在37℃恒温装置中放置10min。预反应后的药片表面必须保持湿润。

（3）将速测卡对折，用手捏3min或用恒温装置恒温3min，使红色药片和白色药片叠合发生反应。

（4）每批测定应设一个缓冲液的空白对照卡。

2. 表面测定法（粗筛法）

（1）擦去蔬菜表面泥土，滴2～3滴缓冲溶液在蔬菜表面，用另一片蔬菜在滴液处轻轻摩擦。

（2）取一片速测卡，将蔬菜上的液滴滴在白色药片上。

（3）放置10min以上进行预反应，有条件时在37℃恒温装置中放置10min。预反应后的药片表面必须保持湿润。

（4）将速测卡对折，用手捏3min或用恒温装置恒温3min，使红色药片和白色药片叠合发生反应。

（5）每批测定应设一个缓冲液的空白对照卡。

五、结果判定

结果以酶被有机磷或氨基甲酸酯类农药抑制（为阳性）、未抑制（为阴性）表示。

与空白对照卡比较，白色药片不变色或略有浅蓝色均为阳性结果。白色药片变为天蓝色或与空白对照卡相同，为阴性结果。

对阳性结果的样品，可用其他分析方法进一步确定具体农药品种和含量。

六、附则

1. 速测卡技术指标

（1）灵敏度指标　速测卡对部分农药的检出限见表 1 。

表 1　部分农药的检出限

农药名称	检出限/（mg/kg）	农药名称	检出限/（mg/kg）	农药名称	检出限/（mg/kg）
甲胺磷	1.7	乙酰甲胺磷	3.5	久效磷	2.5
对硫磷	1.7	敌敌畏	0.3	甲萘威	2.5
水胺硫磷	3.1	敌百虫	0.3	好年冬	1.0
马拉硫磷	2.0	乐果	1.3	呋喃丹	0.5
氧化乐果	2.3				

（2）符合率　在检出的30份以上阳性样品中，经气相色谱法验证，阳性结果的符合率应在80%以上。

七、说明

（1）葱、蒜、萝卜、韭菜、芹菜、香菜、茭白、蘑菇及番茄汁液中，含有对酶有影响的植物次生物质，容易产生假阳性。处理这类样品时，可采取整株（体）蔬菜浸提或采用表面测定法。对一些含叶绿素较高的蔬菜，也可采取整株（体）蔬菜浸提的方法，减少色素的干扰。

（2）当温度条件低于37℃，酶反应的速度随之放慢，药片加液后放置反应的时间应相对延长，延长时间的确定，应以空白对照卡用手指（体温）捏3min时可以变蓝，即可往下操作。注意样品放置的时间应与空白对照卡放置的时间一致才有可比性。空白对照卡不变色的原因：一是药片表面缓冲溶液加的少、预反应后的药片表面不够湿润，二是温度太低。

（3）红色药片与白色药片叠合反应的时间以3min为准，3min后的蓝色会逐渐加深，24h后颜色会逐渐退去。

任务单

一、任务要求

采用胆碱酯酶催化靛酚乙酸酯（红色）水解为乙酸和靛酚（蓝色），有机磷或氨基甲酸酯类农药对胆碱酯酶有抑制作用，判断出样品中是否有高剂量有机磷或氨基甲酸酯类农药存在，掌握样品处理方法，会进行缓冲溶液的配制，能正确判定检测结果。

二、任务实施

（一）分组讨论，制定工作方案、确定人员分工

填写方案设计表（附表1）。

（二）试剂配制、仪器设备的准备

1.试剂配制

填写试剂配制表（附表2）。

2.仪器设备

填写所需仪器设备统计表（附表3）。

（三）实验操作

按照资料单中的分析步骤进行操作。

（四）填写原始数据

蔬菜中有机磷和氨基甲酸酯类农残快速检测

样品名称		样品编号		样品质量（g）	
检测地点		检测项目		检测依据	
仪器名称		室温（℃）		相对湿度RH（%）	
分析数据	样品	空白	重复1	重复2	重复3
	颜色				
	阴性/阳性				
结果分析					
结果判断					
安全评价结果					
检验人：			校核人：		

三、考核评价

蔬菜中有机磷和氨基甲酸酯类农残快速检测（速测卡法）考核评分标准

技能操作二 蔬菜中有机磷和氨基甲酸酯类农残快速检测（酶抑制率法）

资料单

一、原理

在一定条件下，有机磷和氨基甲酸酯类农药对乙酰胆碱酯酶有抑制作用，其抑制率与农药的浓度呈正相关，正常情况下，酶催化神经传导代谢产物（乙酰胆碱）水解，其水解产物与显色剂反应，产生黄色物质，用分光光度计在412nm处测定吸光度随时间的变化值，计算出抑制率，通过抑制率可以判断出样品中是否有高剂量有机磷或氨基甲酸酯类农药的存在。

本操作参考GB/T 5009.199—2003《蔬菜中有机磷和氨基甲酸酯类农药残留量的快速检测》。

二、试剂和材料

除非另有规定，本方法所用试剂均为分析纯。

（1）pH8.0 缓冲溶液：分别取11.9g无水磷酸氢二钾与3.2g 磷酸二氢钾，用1000mL蒸馏水溶解。

（2）显色剂（已提前备好，无需考生现场配制）：分别取160mg二硫代二硝基苯甲酸（DTNB）和15.6mg 碳酸氢钠，用20mL 缓冲溶液溶解，4℃冰箱中保存。

（3）底物（已提前备好，无需考生现场配制）：取25.0mg硫代乙酰胆碱，加3.0mL蒸馏水溶解，摇匀后置4℃冰箱中保存备用，保存期不超过两周。

（4）乙酰胆碱酯酶（已提前备好，无需考生现场配制）：根据酶的活性情况，用缓冲溶液溶解，3min的吸光度变化ΔA_0值应控制在0.3以上。摇匀后置4℃冰箱中保存备用，保存期不超过4天。

三、仪器和设备

（1）分光光度计

（2）常量天平。

（3）恒温水浴锅。

四、分析步骤

1.样品处理

（1）选取有代表性的蔬菜样品，冲洗掉表面泥土，剪成1cm左右见方碎片，取样品1g，放入提取瓶中。

（2）提取瓶加入5mL缓冲溶液，振摇1～2min，倒出提取液，静置3～ 5min，待用。

2.对照溶液测试

（1）先于试管中加入2.5mL缓冲溶液，再加入0.1mL酶液、0.1mL显色剂，摇匀后于37℃放置15min以上（每批样品的控制时间应一致）。

（2）加入0.1mL底物摇匀，此时检液开始显色反应，应立即放入仪器比色池中，记录反应3min的吸光度变化值ΔA_0。

3.样品溶液测试

先于试管中加入2.5mL样品提取液，其他操作与对照溶液测试相同，记录反应3min的吸光度变化值ΔA_t。

五、结果分析

乙酰胆碱酯酶的抑制率按下式进行计算。

$$抵制率（\%）=[（\Delta A_0-\Delta A_t）/\Delta A_0]\times 100$$

式中　ΔA_0——对照溶液反应3min吸光度的变化值；

ΔA_t——样品溶液反应3min吸光度的变化值。

结果以酶被抑制的程度（抑制率）表示。结果保留2位有效数字。

当蔬菜样品提取液对酶的抑制率≥50%时，表示蔬菜中有高剂量有机磷或氨基甲酸酯类农药存在，样品为阳性结果。阳性结果的样品需要重复检验2次以上。

六、精密度

在重复性条件下获得的两次独立测定结果的绝对差值不得超过算术平均值的10 %。

任务单

一、任务要求

采用分光光度法完成蔬菜中有机磷和氨基甲酸酯类农药的快速测定，掌握样品制备、提取，会进行空白溶液、样品溶液的配置，能规范熟练操作可见分光光度计，能利用分光光度计对样品及空白溶液中乙酰胆碱水解产物进行检测，能准确计算样品中胆碱酯酶抑制率，从而判断样品中是否有高剂量有机磷或氨基甲酸酯类农药的存在。

二、任务实施

（一）制定工作方案

填写方案设计表（附表1）。

（二）试剂配制、仪器设备的准备

1.试剂配制

填写试剂配制表（附表2）。

2.仪器设备

填写所需仪器设备统计表（附表3）。

（三）实验操作

按照资料单中的分析步骤进行操作。

（四）填写原始数据

蔬菜中有机磷和氨基甲酸酯类农残快速检测

样品名称		样品编号		样品质量（g）	
检测地点		检测项目		检测依据	
仪器名称		室温（℃）		相对湿度RH（%）	
分析数据	样品	空白	重复1	重复2	
	初始吸光度				
	3min后吸光度				
	吸光度变化值ΔA				

续表

计算公式	
样品中胆碱酯酶抑制率（%）	注意：结果保留2位有效数字
安全评价结果	
检验人：	校核人：

三、考核评价

蔬菜中有机磷和氨基甲酸酯类农残快速检测（酶抑制率法）考核评分标准

农药残留检测安全评价知识点在线测试

考核项目三
兽药残留检测安全评价

技能操作一 畜禽肉中盐酸克伦特罗的测定（胶体金免疫层析法）

资料单

一、原理

本方法采用胶体金免疫层析法。将氯金酸用枸橼酸钠还原法制成一定直径的金溶胶颗粒，标记抗体。硝酸纤维素膜为载体，利用了微孔膜的毛细管作用，将样本滴加在胶体金检测条样品垫一端，使液体慢慢向吸水纸另一端渗移。在样本移动的过程中，会发生相应的抗原抗体反应，并通过免疫金的颜色而显示出来。样本中的克伦特罗在流动的过程中与胶体金标记的特异性抗体结合，抑制了抗体和硝酸纤维素（NC）膜检测线上的克伦特罗人工抗原的结合，使检测线不显颜色，结果为阳性；反之，检测线显紫红色，结果为阴性。

本操作参考SB/T 10779—2012《动物肌肉中盐酸克伦特罗的快速筛查 胶体金免疫层析法》。

二、试剂和材料

除非另有说明，本方法所用试剂均为分析纯，水为符合GB/T 6682—2008规定的二级水。

（1）胶体金免疫层析快速检测卡。

①盐酸克伦特罗特异性抗体。

②胶体金：胶体金溶液采用氯金酸还原法制备，应为带负电的紫红色疏水胶体金溶液，金颗粒大小应在30～60nm。

③硝酸纤维素膜：硝酸纤维素膜表面应平整、光滑、白净，没有划痕、凹印、小孔、水迹、橘皮状或其他肉眼能见的瑕疵，无灰尘、油渍或其他杂物。硝酸纤维素膜宽度为（25.4±0.5）mm，长度在（100±2）mm，厚度在（185±19）μm，毛细流速度为（180±45）s/40mm。

④聚酯纤维膜：聚酯纤维膜表面形状应为基本均匀的矩形，无明显歪斜现象。色泽好，白色，表面洁净，均匀度好，无破损，无起皱，无污点，无色斑，无霉点，无

异味，无杂质及灰尘。聚酯纤维膜重量在（98.3 ± 10.0）g/m^2，厚度在（0.42 ± 0.07）mm，长度为（305.0 ± 2.5）mm，宽度为（254.0 ± 2.5）mm。

⑤吸水纸。

⑥底板。

⑦塑料盒。

⑧塑料吸管。

⑨金标样品稀释液。

（2）阴性对照：取不含盐酸克伦特罗的空白样品，作为空白试料。

（3）阳性对照：取盐酸克伦特罗标准工作液用水稀释为10μg/L。

（4）盐酸克伦特罗标准品。

三、仪器和设备

（1）电子天平：感量分别为0.01mg 和1mg。

（2）离心机：转速≥3000r/min。

（3）水浴锅。

四、分析步骤

1. 试样的预处理

取新鲜或解冻后的供试样品适量（约3g），剪碎，装入3mL离心管中，盖紧管盖，100℃加热5min，取出，自然冷却，3000r/min离心5min，取上清组织渗出液100μL，加入100μL金标样品稀释液，混匀，备用。

2. 溶液制备

（1）盐酸克伦特罗储备液　准确称取盐酸克伦特罗标准品适量，用甲醇溶解后稀释成1mg/mL的储备液，−18℃冰箱中贮存备用，有效期3个月。

（2）盐酸克伦特罗标准工作液　取盐酸克伦特罗储备液，用水稀释至100μg/L，4℃中贮存备用，有效期1个月。

3. 样品检测

（1）从包装袋中取出盐酸克伦特罗胶体金免疫层析快速检测卡，置于平整的台面上，检测卡应即开即用。

（2）用塑料吸管垂直滴加2滴（约60 ~ 80μL）无气泡上清液于加样孔（S）内，每批需做阴性对照和阳性对照各一个，加样方法同待测样品。

（3）加样后5min时观察结果。

五、结果判断

1.有效性确认

（1）阴性对照在检测区（T）出现显色条带（见图1），所有阳性对照在检测区（T）均不出现显色条带，且质控区（C）出现一条显色条带，说明检测卡有效，可进行检测。

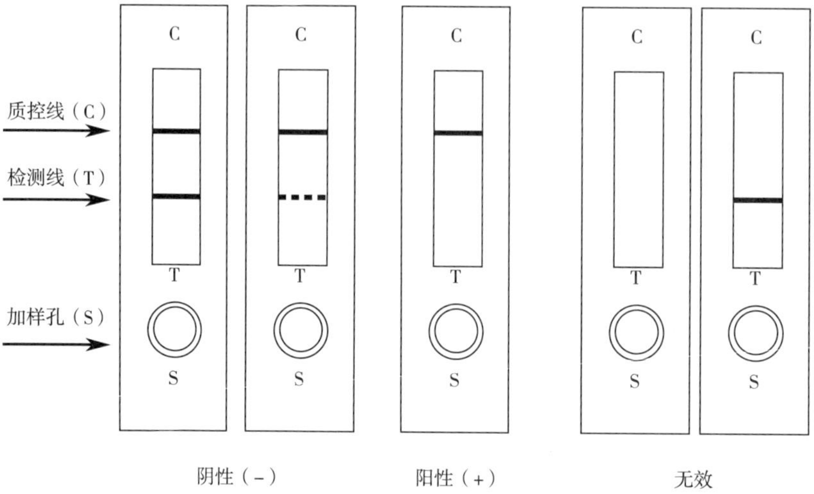

图 1　检验结果判断示意图

（2）如阴性对照检测区（T）不出现显色条带，或阳性对照检测区（T）出现显色条带，或质控区（C）不出现一条显色条带，说明检测卡无效，不能进行检测。

2.测定结果

（1）阳性（+）　仅质控区（C）出现一条显色条带，在检测区（T）内无显色条带出现。阳性结果表明：样本中含有盐酸克伦特罗且含量在检测限以上。

（2）阴性（-）　两条显色条带出现。一条位于检测区（T）内，另一条位于质控区（C）内。阴性结果表明：样本中不含盐酸克伦特罗或其含量在检测限以下。

（3）无效　质控区（C）未出现显色条带，表明本次检测无效（失效原因包括操作过程不当或检测卡已过有效期等）。在此情况下，应再次仔细阅读说明书，更换检测卡重新检测。

任务单

一、任务要求

采用胶体金免疫层析法完成样品中盐酸克伦特罗的测定，掌握试样的预处理，会进行标准储备液、标准使用液的配制，能规范熟练使用胶体金免疫层析快速检测卡，对样品中盐酸克伦特罗进行检测，能对结果有效性确认并对样本中是否含有盐酸克伦特罗做出判断。

二、任务实施

（一）分组讨论，制定工作方案、确定人员分工

填写方案设计表（附表1）。

（二）试剂配制、仪器设备

1.试剂配制

填写试剂配制表（附表2）。

2.仪器设备

填写所需仪器设备统计表（附表3）。

（三）实验操作

按照资料单中的分析步骤进行操作。

（四）填写原始数据

畜禽肉中盐酸克伦特罗的检测原始数据记录单

<table>
<tr><td>样品名称</td><td></td><td>样品编号</td><td></td><td>样品质量（g）</td><td></td></tr>
<tr><td>检测地点</td><td></td><td>检测项目</td><td></td><td>检测依据</td><td></td></tr>
<tr><td>仪器名称</td><td></td><td>室温（℃）</td><td></td><td>相对湿度RH（%）</td><td></td></tr>
<tr><td>反应时间</td><td>阳性对照卡</td><td>阴性对照卡</td><td>样品卡</td><td colspan="2">结果</td></tr>
<tr><td>5min</td><td></td><td></td><td></td><td colspan="2"></td></tr>
<tr><td>安全评价结果</td><td colspan="5"></td></tr>
<tr><td>检测人</td><td></td><td>校核人</td><td></td><td>审核人</td><td></td></tr>
<tr><td>日　期</td><td></td><td>日　期</td><td></td><td>日　期</td><td></td></tr>
</table>

三、考核评价

畜禽肉中盐酸克伦特罗的测定（胶体金免疫层析法）考核评分标准

技能操作二 动物源食品中恩诺沙星残留检测（酶联免疫吸附法）

资料单

一、原理

基于抗原抗体反应进行竞争性抑制测定。酶标板的微孔包被有偶联抗原，加入标准品或待测样品，再加入恩诺沙星单克隆抗体和酶标记物。包被抗原与加入的标准品或待测样品竞争抗体，酶标记物与抗体结合，通过洗涤除去游离的抗原、抗体及抗原抗体复合物。加入底物液，使结合到板上的酶标记物将底物转化为有色产物，加入终止液，在450nm处测定吸光度值。吸光度值与试样中恩诺沙星浓度的自然对数呈反比。

本操作参考农业部1025号公告-25—2008《动物源食品中恩诺沙星残留检测　酶联免疫吸附法》。

二、试剂和材料

除非另有说明，本方法所用试剂均为分析纯，水为符合 GB/T 6682—2008规定的二级水。

（1）乙腈。

（2）二氯甲烷。

（3）氢氧化钠。

（4）正己烷。

（5）磷酸氢二钠（$Na_2HPO_4 \cdot 12H_2O$）。

（6）磷酸二氢钠（$NaH_2PO_4 \cdot 2H_2O$）。

（7）恩诺沙星检测试剂盒：2～8℃冰箱中保存。

①酶标板：8条×12孔，包被有偶联抗原。

②恩诺沙星系列标准溶液：0，0.5，1.5，4.5，13.5，40.5μg / L。

③酶标记物。

④恩诺沙星抗体。

⑤底物液（A、B液）。

⑥终止液。

⑦洗涤液（浓缩液）。

⑧缓冲液（浓缩液）。

（8）缓冲液工作液：将浓缩缓冲液（2倍浓缩）50mL 用水稀释至100mL备用。

（9）0.1mol/L 氢氧化钠溶液：称取氢氧化钠0.4g至容量瓶中，加水溶解并定容至100mL。

（10）乙腈-0.1mol / L氢氧化钠溶液：量取无水乙腈84mL加入0.1mol / L氢氧化钠溶液16mL混合均匀。

（11）0.02mol / L PB缓冲液（pH7.2）：称取$Na_2HPO_4\cdot 12H_2O$ 5.16g、$NaH_2PO_4\cdot 2H_2O$ 0.87g至容量瓶中，加水溶解并定容至1L。

三、仪器和设备

（1）酶标仪（配备450nm滤光片）。

（2）匀浆器。

（3）振荡器。

（4）离心机。

（5）微量移液器：单道20～200μL、200～1000μL；多道250μL。

（6）天平：感量0.01g。

（7）氮气吹干装置。

四、分析步骤

1. 样品的制备

将组织样品解冻，剪碎，置于组织匀浆机中高速匀浆；取新鲜的蜂蜜样本。

2. 样本提取

（1）组织样本　称试样（3.0±0.01）g，置50mL离心管中，加入乙腈-0.1mol / L NaOH溶液9mL，充分混合10min，3800r / min以上、15℃离心10min，取上清液3mL，加入0.02mol / L PB缓冲液3mL，加入二氯甲烷8mL，充分混合10min，3800r / min以上、15℃离心10min，去除上层液，取下层有机相4mL至干燥容器中，50℃氮气吹干，用缓冲液工作液1mL溶解干燥的残留物，加入正己烷1mL混合2min，3800r / min以上、

15℃离心5min，轻吸掉上层和中间部分液体，取下层液50μL用于分析。稀释倍数为2倍。

（2）蜂蜜样本 取（1±0.01）g试样，置50mL离心管中，加入0.02mol / L PB缓冲液2mL，振荡至蜂蜜全部溶解，加入二氯甲烷8mL，振荡5min，3800r / min以上离心5min，轻吸掉上层液，取下层有机相至干燥容器中，50℃氮气吹干，用缓冲液工作液1mL溶解干燥的残留物，再用缓冲液工作液将其按1：3比例稀释（1份溶解后的样本液+3份缓冲液工作液），取50μL用于分析。稀释倍数为4倍。

3. 试剂的准备

（1）洗涤液工作液 将浓缩洗涤液40mL（20倍浓缩）用水稀释至800mL备用。

（2）微孔板条 将铝箔袋沿着外沿剪开，取出需用数量的微孔板及框架，将不用的微孔板放进原铝箔袋中，放入自封袋，保存于2～8℃。

4. 测定

从4℃冷藏环境中取出所需试剂，置室温（20～25℃）平衡30min以上，注意每种液体试剂使用前均需摇匀。

（1）将样本和标准品对应微孔按序编号，每个样本和标准品做 2 孔平行，并记录标准孔和样本孔所在的位置。

（2）加入标准品或处理好的试样50μL到各自的微孔中，然后加入酶标记物50μL到每个微孔，再加入恩诺沙星抗体50μL到每个微孔。轻轻振荡混匀，用盖板膜盖板，室温环境反应1h，取出酶标板，将孔内液体甩干，加入洗涤液工作液250μL到每个板孔中，洗板4～5次，用吸水纸拍干。

（3）加入底物液A液50μL和底物液B液50μL到微孔中，轻轻振荡混匀，室温环境避光显色30min。

（4）加入终止液50μL到微孔中，轻轻振荡混匀，设定酶标仪于450nm处，测定每孔吸光度值。

5. 空白对照试验

取制备后的空白样品，完全按测定的步骤进行操作。

五、结果判定和表述

1.定性测定

示例：以4.5μg / L标准液的吸光度值为判定标准，样品吸光度值大于或等于该值为未检出，小于该值为可疑，建议用确证法确证。

2.定量测定

百分相对吸光度值按下式进行计算。

$$相对吸光度值=\frac{B}{B_0}\times100\%$$

式中　B——标准溶液或样品的平均吸光度值；

B_0——0浓度的标准溶液平均吸光度值。

将计算的相对吸光度值（%）对应恩诺沙星（μg／L）的自然对数做半对数坐标系统曲线图，对应的试样浓度可从校正曲线算出，试样中恩诺沙星的含量按下式进行计算。

$$X=\frac{A\times f}{m\times 1000}$$

式中　X——试样中恩诺沙星的含量，μg／kg或μg／L；

A——试样的相对吸光度值（%）对应的恩诺沙星含量，μg／L；

f——试样稀释倍数；

m——试样的取样量，g或mL。

计算结果表示到小数点后两位。

六、灵敏度、准确度、精密度

1. 灵敏度

本方法在猪、鸡肌肉中恩诺沙星的检出限为1.0μg／kg；在猪、鸡肝脏中恩诺沙星的检出限为1.0μg／kg；在水产中恩诺沙星的检出限为1.5μg／kg；在蜂蜜中恩诺沙星的检出限为2.0μg／kg。

本方法在样本中的定量限（LOQ）为10.0μg／kg。

2. 准确度

本方法的回收率为50%～110%。

3. 精密度

本方法的添加样本变异系数小于20%。

任务单

一、任务要求

采用酶联免疫吸附法完成样品中恩诺沙星的测定，掌握样品制备、提取方法及试剂准备，会进行标准溶液的配制，能规范熟练操作酶标仪，能利用酶标仪对样品及标准溶液中恩诺沙星含量进行检测，能准确计算样品中恩诺沙星的含量。

二、任务实施

（一）分组讨论，制定工作方案、确定人员分工

填写方案设计表（附表1）。

（二）试剂配制、仪器设备的准备

1.试剂配制

填写试剂配制表（附表2）。

2.仪器设备

填写所需仪器设备统计表（附表3）。

（三）实验操作

按照资料单中的分析步骤进行操作。

（四）填写原始数据

动物源食品中恩诺沙星残留检测原始数据记录单

<table>
<tr><td>样品名称</td><td></td><td colspan="2">样品编号</td><td colspan="2"></td><td colspan="2">样品质量（g）</td><td></td></tr>
<tr><td>检测地点</td><td></td><td colspan="2">检测项目</td><td colspan="2"></td><td colspan="2">检测依据</td><td></td></tr>
<tr><td>仪器名称</td><td></td><td colspan="2">室温（℃）</td><td colspan="2"></td><td colspan="2">相对湿度RH（%）</td><td></td></tr>
<tr><td rowspan="6">分析数据</td><td>序号</td><td>1</td><td>2</td><td>3</td><td>4</td><td>5</td><td>6</td><td>样品</td></tr>
<tr><td>浓度（μg/L）</td><td></td><td></td><td></td><td></td><td></td><td></td><td></td></tr>
<tr><td rowspan="2">吸光度</td><td></td><td></td><td></td><td></td><td></td><td></td><td></td></tr>
<tr><td></td><td></td><td></td><td></td><td></td><td></td><td></td></tr>
<tr><td>平均吸光度</td><td></td><td></td><td></td><td></td><td></td><td></td><td></td></tr>
<tr><td>相对吸光度（%）</td><td></td><td></td><td></td><td></td><td></td><td></td><td></td></tr>
<tr><td>定性结果</td><td colspan="8"></td></tr>
<tr><td>计算公式</td><td colspan="8"></td></tr>
</table>

续表

试样中恩诺沙星的含量（μg/kg）	注意：结果保留到小数点后两位				
安全评价结果					
检测人		校核人		审核人	
日　期		日　期		日　期	

三、考核评价

动物源食品中恩诺沙星残留检测（酶联免疫吸附法）考核评价标准

兽药残留检测安全评价知识点在线测试

考核项目四 食品添加剂检测安全评价

技能操作一 食用干果中二氧化硫的快速检测

资料单

一、原理

样品中的二氧化硫以游离和结合型存在，加入氢氧化钾使之破坏其结合状态，并使之固定。加入硫酸又使二氧化硫游离，然后用碘标准溶液滴定。到达终点时，过量的碘即与指示剂作用生成蓝色复合物。根据碘标准溶液的消耗量计算出二氧化硫的含量。

二、试剂和材料

除非另有规定，本方法所用试剂均为分析纯。水为GB/T 6682—2008规定的二级水或去离子水。

二氧化硫速测试剂盒（北京中诺泰安科技有限公司产品），试剂盒组成如下：

（1）补充试液一套1、2、3、4号试液各1瓶，空瓶1个。

1号试液：饱和氢氧化钾溶液；

2号试液：（1+1）硫酸溶液；

3号试液：1%淀粉溶液；

4号试液：0.005 mol/L碘标准溶液。

（2）塑料称量杯、具塞三角瓶、漏斗各两个。

（3）滤纸一盒。

（4）塑料吸管10支。

三、仪器和设备

（1）天平：感量为0.1mg。

（2）超声波提取器。

（3）量筒：50mL。

（4）自然光光源。

（5）白色背景板。

四、分析步骤

1. 样品处理

取适量样品研磨或捣碎，准确称取2.0g样品，置于具塞三角瓶中，加入50.0mL蒸馏水或纯净水，加入10滴1号碱性试液，盖塞后振摇2min或用超声波提取器提取30s，如果样品黏性较大，应溶解成絮状形成，必要时采取玻璃棒助溶，将溶液用滤纸过滤，或静置后用刻度吸管直接吸取得到10.0mL澄清溶液，放入另一个三角瓶中待测（此时的样品取样量$m=2\times10/50=0.4$g）。

2. 样品测定

在待测液的三角瓶中，加入3滴2号试液（酸液），如果样品在处理时未从中分取一部分溶液测定，在待测液的三角瓶中加入5滴2号试液（保证测定是在酸性溶液中进行）；盖塞轻轻摇动50次，加入3～5滴3号试液（指示液），将棕色瓶中的4号试液倒入备用空滴瓶中，用此滴瓶对三角瓶的溶液进行直立式滴定，每滴一滴试液后都要摇动几下，滴至出现蓝紫色并在30s不褪色为止，记录4号试液消耗的滴数，按公式计算出样品中二氧化硫的含量。

3. 空白溶液测定

取与样品相同体积的蒸馏水或纯净水，按相同的方法进行空白溶液测定并记录4号试液消耗的滴数，按公式计算出样品中二氧化硫的含量。

五、结果分析

试样中二氧化硫的含量按下式进行计算：

$$X=\frac{(G_1-G_2)\times0.016}{m}$$

式中　X——试样中二氧化硫总含量（以SO_2计），g/kg或g/L；

G_1——滴定样品消耗4号试液的滴数；

G_2——滴定空白消耗4号试液的滴数；

0.016——换算系数；

m——称取样品的质量g。

六、结果说明

（1）在取样量2.0g的情况下，每1滴4号试液相当于0.008g/kg的二氧化硫，由此可推算出4号试液滴定某些食品时不应超出的滴数（减去空白消耗后的滴数），如残留限量≤0.05g/kg的食品不应多于7滴，残留限量≤0.03g/kg的食品不应多于4滴，残留限量≤0.1g/kg的食品不应多于12滴，当取样量改变时（如水不溶性固体样品），应按公式计算。

（2）1号和2号试液分别为强碱和强酸溶液，一旦误入眼中请大量用清水冲洗。

（3）剩余的碘标准溶液必须倒回棕色瓶中保存，以待下次使用。

（4）本方法为国家标准分析方法后改进后的现场快速检测方法（省去了蒸馏步骤），与国标法相比其测定结果的精密度差一些，多次测定结果的平均值可以起到校准作用，对于超出国家标准规定值的样品，必要时可以送实验室进一步测定。

（5）国家对部分食品干果中二氧化硫的残留限量标准参考如下：二氧化硫残留限量≤100mg/kg（L）。

任务单

一、任务要求

采用碘标准溶液滴瓶法完成干果中二氧化硫的快速测定。掌握样品的处理和测定方法，熟练使用天平、超声波提取器等仪器设备，能够根据滴定液消耗的滴数正确计算试样中二氧化硫的含量，并能给出规范合理的报告结果。

二、任务实施

（一）分组讨论，制定工作方案、确定人员分工

填写方案设计表（附表1）。

（二）试剂配制、仪器设备的准备

1.试剂配制

填写试剂配制表（附表2）。

2. 仪器设备

填写所需仪器设备统计表（附表3）。

（三）实验操作

按照资料单中的分析步骤进行操作。

（四）填写原始数据

二氧化硫的快速检测原始数据记录单

样品名称		样品编号		检测时间	
检测地点		检测项目		检测依据	
仪器名称		室温（℃）		相对湿度RH（%）	
滴定记录	序号	空白	样1	样2	
	消耗4号滴定液的滴数				
计算公式					
样品中二氧化硫含量（g/kg）	注意：结果保留小数点后2位				
安全评价结果					
检验人：			校核人：		

三、考核评价

食用干果中二氧化硫的快速检测考核评分标准

技能操作二 食品中亚硝酸盐的快速检测

资料单

一、原理

亚硝酸盐主要指亚硝酸钠，亚硝酸钠为白色至淡黄色粉末或颗粒状，味微咸，易溶于水，其外观及滋味都与食盐相似，在肉类制品中也允许作为发色剂限量使用。由亚硝酸盐引起食物中毒的概率较高，食入0.3～0.5g的亚硝酸盐即可引起中毒甚至死亡。样品中的亚硝酸盐经提取后，在弱酸性条件下与格里斯试剂反应（对氨基苯磺酸重氮化后，再与盐酸萘乙二胺反应）生成紫红色物质，其颜色的深浅在一定范围内与亚硝酸盐含量呈正相关，通过色阶卡进行目视比色，对样品中亚硝酸盐进行定性判定。

二、试剂和材料

除非另有规定，本方法所用试剂均为分析纯。水为GB/T 6682—2008规定的二级水或去离子水。

（1）亚硝酸盐快速检测管（广州达元绿洲食品安全科技股份有限公司产品）。

（2）移液枪。

三、仪器和设备

（1）天平：感量0.01g。

（2）粉碎机。

（3）超声波发生器。

（4）离心机：转速≥3000r/min。

（5）自然光光源。

（6）白色背景板。

四、分析步骤

1. 试样制备

取适量有代表性样品的可食部分，充分粉碎或剪碎、混匀。

2.样品处理

称取已制备好的样品1g（精确至0.01g），置于离心管中，准确加水10mL，充分振摇或超声或涡旋振荡提取5min，静置10min。如样品浑浊，用离心机（≥3000r/min）离心5min，或经微孔滤膜过滤后取续滤液备用。

3.测定

（1）样品组　准确吸取1mL上清液或滤液于检测管中，盖紧盖子充分摇匀，反应2～3min后与标准色板对比，判读结果。

（2）空白对照组　另取1支检测管加入1mL纯净水或蒸馏水做对照测试，正常空白对照管为无色。

五、结果分析

（1）样品组结果分析　观察检测管中样液颜色，与标准色板比较判读样品中亚硝酸盐（以亚硝酸钠计）的含量。标准色板见图1。

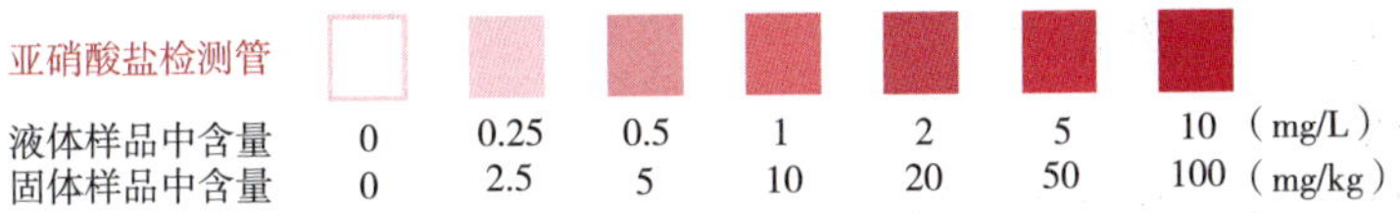

图 1 标准色板卡

（2）空白对照组结果分析 溶液整体无颜色变化。

六、结果说明

（1）若显色后颜色很深且有沉淀产生或很快褪去变成浅黄色，说明样品中的亚硝酸盐含量很高，需加大稀释倍数重新检测，否则结果不准确；若稀释10倍或更高倍数有颜色，则样品严重超标。

（2）由于标准色板目视判读存在一定误差，为尽量避免出现假阴性结果，读数时遵循就高不就低的原则。

（3）本方法为现场快速定性方法，仅用于初步测定，精确定量应以GB 5009.33—2016《食品安全国家标准 食品中亚硝酸盐与硝酸盐的测定》为准。

（4）在认定样品亚硝酸盐超标前，请用国家标准检验方法复检。

（5）GB 2760—2014《食品安全国家标准 食品添加剂使用标准》规定，肉类罐头亚硝酸钠的残留量≤50mg/kg；肉制品亚硝酸钠的残留量≤30mg/kg。

任务单

一、任务要求

采用格里斯检测管法完成食品中亚硝酸盐的快速测定。掌握样品的制备、处理和测定方法，熟练使用天平、离心机等仪器设备，能够根据样品组和空白对照标准色板的显色情况进行结果分析。

二、任务实施

（一）分组讨论，制定工作方案、确定人员分工

填写方案设计表（附表1）。

（二）试剂配制、仪器设备的准备

1. 试剂配制

填写试剂配制表（附表2）。

2. 仪器设备

填写所需仪器设备统计表（附表3）。

（三）实验操作

按照资料单的分析步骤进行操作。

（四）填写原始数据

亚硝酸盐的快速检测原始数据记录单

样品名称		样品编号		检测时间				
检测地点		检测项目		检测依据				
仪器名称		室温（℃）		相对湿度RH（%）				
目测比色结果	标准板中亚硝酸盐含量（液体样）（mg/L）	0	0.25	0.5	1	2	5	10
	标准板中亚硝酸盐含量（固体样）（mg/kg）	0	2.5	5	10	20	50	100
	样品管比色结果（平行1）							
	样品管比色结果（平行2）							
	空白管比色结果							
	亚硝酸盐含量（mg/L或mg/kg）							
结果分析								
安全评价结果								

检验人：　　　　　　　　校核人：

三、考核评价

食品中亚硝酸盐的快速检测考核评分标准

技能操作三　面粉中过氧化苯甲酰的快速检测

资料单

一、原理

过氧化苯甲酰是面粉增白剂的主要成分。在小麦粉中添加过氧化苯甲酰，破坏了小麦粉中的营养成分；其分解产物苯甲酸，在面粉中不具有防腐作用，却能增加肝脏的代谢负担。国家已规定禁止过氧化苯甲酰作为食品添加剂生产经营和使用。

在一定条件下，面粉中过氧化苯甲酰可迅速与显色试剂反应，生成紫红色产物，颜色越深，表示面粉中过氧化苯甲酰的含量越高。实验结果与标准色阶比较，即可得出面粉中过氧化苯甲酰的半定量结果。

二、试剂和材料

除非另有规定，本方法所用试剂均为分析纯。水为GB/T 6682—2008规定的二级水或去离子水。

（1）过氧化苯甲酰速测盒（北京智云达科技股份有限公司产品），试剂盒组成如下：试剂1；试剂2。

过氧化苯甲酰检测液极易受空气和光的影响，用后应立即盖上密闭，于冰箱或阴凉干燥处避光保存；若长时间在空气中暴露易失效。有效期 1 年。

（2）无水乙醇。

三、仪器和设备

（1）天平：感量0.01g。

（2）高速离心机。

（3）塑料刻度吸管。

（4）1.5mL离心管。

（5）自然光光源。

（6）白色背景板。

四、分析步骤

1.样品制备

用四分法取适量或取全部备用。

2.样品处理

称取1g样品放入样品杯中，用塑料刻度吸管加入4mL无水乙醇，可用吸管搅拌或振摇提取5min以上，静置备用。取1.5mL提取的样品液于1.5mL离心管中，用高速离心机离心30s。

3.测定

（1）样品组　用塑料刻度吸管移取离心后的上层清液1mL于1.5mL离心管中，滴加1滴试剂1，再滴加1滴试剂2，离心分离，每隔1min，把离心管颠倒1次，共离心分离10min。显色10min后立即与比色卡对照，找出相应的含量。

（2）空白对照组　另取1支1.5mL离心管，将样品组的1mL上清液替换成1mL无水乙醇，其余操作不变做对照测试，正常空白对照管为无色。

五、结果分析

（1）样品组结果分析　观察离心管中样液颜色，与标准比色卡比较判读样品中过氧化苯甲酰的含量。标准比色卡见图 1 。

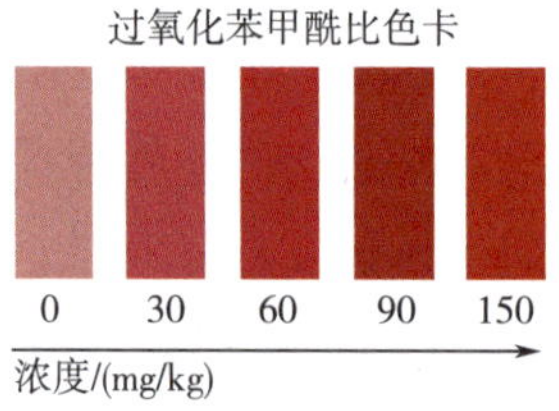

图 1　标准比色卡

（2）空白对照组结果分析　溶液整体无颜色变化。

六、结果说明

（1）显色时间要严格控制，10min 后应立即比色。久置溶液颜色会加深。

（2）本方法为现场快速定性方法，仅用于初步测定，精确定量应以GB/T 22325—2008《小麦粉中过氧化苯甲酰的测定　高效液相色谱法》为准。

任务单

一、任务要求

采用速测盒法完成面粉中过氧化苯甲酰的快速测定。掌握样品的制备、处理和测定方法，熟练使用天平、离心机等仪器设备，能够根据样品组和空白对照比色卡的显色情况进行结果分析。

二、任务实施

（一）分组讨论，制定工作方案、确定人员分工

填写方案设计表（附表1）。

（二）试剂配制、仪器设备的准备

1.试剂配制

填写试剂配制表（附表2）。

2. 仪器设备

填写所需仪器设备统计表（附表3）。

（三）实验操作

按照资料单中的分析步骤进行操作。

（四）填写原始数据

过氧化苯甲酰的快速检测原始数据记录单

样品名称		样品编号		检测时间	
检测地点		检测项目		检测依据	
仪器名称		室温（℃）		相对湿度RH（%）	

续表

目测比色结果	标准比色卡中过氧化苯甲酰含量（mg/kg）	0	30	60	90	150
	样品管比色结果（平行1）					
	样品管比色结果（平行2）					
	空白管比色结果					
	样品中过氧化苯甲酰含量（mg/kg）					
结果分析						
安全评价结果						
检验人：			校核人：			

三、考核评价

面粉中过氧化甲酰的快速检测考核评分标准

技能操作四 油炸食品中明矾的快速检测

资料单

一、原理

明矾化学名称为硫酸铝钾，在油炸食品加工过程中往往添加硫酸铝钾作为膨松剂。由于明矾含铝，过量食用明矾会引起呕吐、腹泻，甚至导致胃黏膜坏死、肝脂肪变性等损害。目前，我国面制食品中铝的最大允许量为100mg/kg。

在一定条件下，食品中铝与显色试剂反应，生成蓝色物质。油炸食品中明矾的含量越高，溶液的颜色越深，实验结果与标准色卡比对，即可判断油炸食品中明矾的半定量结果。

二、试剂和材料

除非另有规定，本方法所用试剂均为分析纯。水为GB/T 6682—2008规定的二级水或去离子水。

（1）硫酸铝钾速测试剂盒（深圳市芬析仪器制造有限公司产品），试剂盒组成如下：试剂A；试剂B；试剂C；试剂D；试剂E。

（2）硫酸铝钾［$AlK(SO_4)_2 \cdot 12H_2O$］。

（3）硫酸铝钾阳性对照液　称取硫酸铝钾0.44g，加水定容至100mL，摇匀；取10mL硫酸铝钾溶液，再次用水定容至100mL，摇匀。此溶液即为硫酸铝钾阳性对照液。

（4）塑料滴管。

（5）50mL烧杯。

（6）10mL比色管。

（7）10mL吸量管。

三、仪器和设备

（1）天平：感量0.01g。

（2）自然光光源。

（3）白色背景板。

四、分析步骤

1.试样的处理

称取0.25g粉碎的样品于50mL烧杯中，加入9.5mL蒸馏水、10滴（0.5mL）试剂A，搅拌2min，静置3min。

2. 测定

（1）样品组　在10mL比色管中，加入2滴（0.1mL）样品提取液，8滴（0.4mL）蒸馏水，10滴（0.5mL）试剂B，1滴试剂C，混匀；加2滴试剂D，混匀；再加2滴试剂E，摇匀后，室温放置20min或40℃水浴5min。显色20min后立即与比色卡对照，找出相应的含量。

（2）阳性对照组　取1mL阳性对照液，加入8.5mL蒸馏水、10滴（0.5mL）试剂A，搅拌2min，静置3min。后续操作与样品组相同。

（3）空白对照组　不加样品其他操作与样品测定相同。

观察颜色变化时，应在自然光光源下，且比色管应放在白色背景板上。

五、结果分析

（1）样品组结果分析　观察比色管中样液颜色，与标准比色卡比较判读样品中铝的含量。标准比色卡见图1。

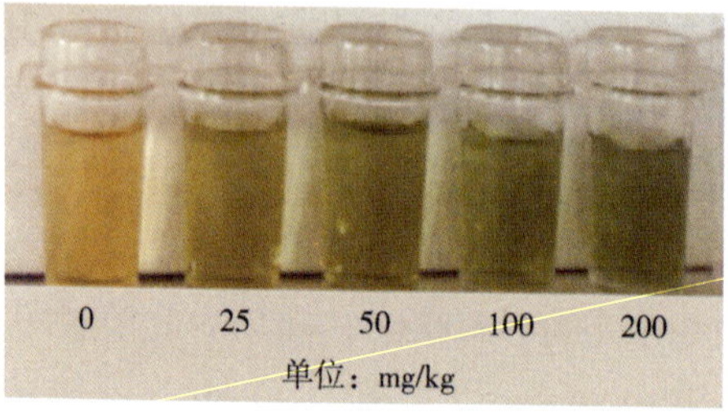

图1　标准比色卡

（2）阳性对照组结果分析　溶液整体呈蓝色，且呈色时间较长。

（3）空白对照组结果分析　溶液整体呈淡黄色。

实际检测过程中，阳性对照组和空白对照组中任何一个结果出现异常，都应该更换新的试剂，重新测定。

六、结果说明

（1）显色时间要严格控制，显色20min后应立即比色。

（2）所取提取液应尽量澄清以便观察结果。

（3）本方法为现场快速定性方法，仅用于初步测定，精确定量应以GB 1886.229—2016《食品安全国家标准　食品添加剂　硫酸铝钾（又名钾明矾）》为准。

任务单

一、任务要求

采用速测盒法完成样品中明矾的快速测定。掌握样品的制备、处理和测定方法，熟练使用天平等仪器设备，能够根据样品组和空白对照比色卡的显色情况进行结果分析。

二、任务实施

（一）分组讨论，制定工作方案、确定人员分工

填写方案设计表（附表1）。

（二）试剂配制、仪器设备的准备

1.试剂配制

填写试剂配制表（附表2）。

2. 仪器设备

填写所需仪器设备统计表（附表3）。

（三）实验操作

按照资料单中的分析步骤进行操作。

（四）填写原始数据

明矾的快速检测原始数据记录单

<table>
<tr><td>样品名称</td><td></td><td>样品编号</td><td colspan="2"></td><td colspan="2">检测时间</td><td colspan="2"></td></tr>
<tr><td>检测地点</td><td></td><td>检测项目</td><td colspan="2"></td><td colspan="2">检测依据</td><td colspan="2"></td></tr>
<tr><td>仪器名称</td><td></td><td>室温（℃）</td><td colspan="2"></td><td colspan="2">相对湿度RH（%）</td><td colspan="2"></td></tr>
<tr><td rowspan="8">目测比色结果</td><td colspan="2">标准比色卡中铝含量（mg/kg）</td><td>0</td><td colspan="2">25</td><td>50</td><td>100</td><td>200</td></tr>
<tr><td colspan="2">样品管比色结果（平行1）</td><td></td><td colspan="2"></td><td></td><td></td><td></td></tr>
<tr><td colspan="2">样品管比色结果（平行2）</td><td></td><td colspan="2"></td><td></td><td></td><td></td></tr>
<tr><td colspan="2">空白管比色结果（平行1）</td><td></td><td colspan="2"></td><td></td><td></td><td></td></tr>
<tr><td colspan="2">空白管比色结果（平行2）</td><td></td><td colspan="2"></td><td></td><td></td><td></td></tr>
<tr><td colspan="2">阳性对照管比色结果（平行1）</td><td></td><td colspan="2"></td><td></td><td></td><td></td></tr>
<tr><td colspan="2">阳性对照管比色结果（平行2）</td><td></td><td colspan="2"></td><td></td><td></td><td></td></tr>
<tr><td colspan="2">样品中铝含量（mg/kg）</td><td colspan="6"></td></tr>
<tr><td>结果分析</td><td colspan="8"></td></tr>
<tr><td>安全评价结果</td><td colspan="8"></td></tr>
</table>

检验人：　　　　　　　　　　　　校核人：

三、考核评价

油炸食品中明矾的快速检测考核评分标准

技能操作五　蜂蜜中糊精和淀粉的快速检测

资料单

一、原理

最常见的蜂蜜掺假是加入蔗糖、糊精和淀粉的混合物。糊精或淀粉与含碘试剂发生反应产生棕色或紫色或棕色紫色化物质，以此可判断蜂蜜中是否含有人为添加的糊精或淀粉。

二、试剂和材料

除非另有规定，本方法所用试剂均为分析纯。水为GB/T 6682—2008规定的二级水或去离子水。

（1）糊精或淀粉速测液（北京中诺泰安科技有限公司产品）或自行配制。

（2）碘试剂：取碘（I_2）14g，溶于含有36g碘化钾（KI）的100mL水中，加盐酸3滴，用水稀释至1000mL，混匀。

（3）糊精阳性对照液：称取糊精0.5g，加入100mL水中，搅拌溶解。

（4）淀粉阳性对照液：称取可溶性淀粉2g，加入少量水搅匀后，加入100mL沸水中，搅拌溶解。

（5）10mL刻度试管。

三、仪器和设备

（1）天平：感量0.01g。

（2）涡旋振荡器。

（3）自然光光源。

（4）白色背景板。

四、分析步骤

1. 样品制备

代表性取样、混匀。

2. 测定

（1）样品组 取一支试管，加入1mL蜂蜜样品，加入3mL水，振摇混溶或用涡旋振荡器摇匀，滴入3滴碘试剂或8滴速测液，摇匀，5min后观察试管溶液颜色变化。

（2）阳性对照组 取一支试管，加入1mL蜂蜜样品，再加入1mL阳性对照液（糊精阳性对照液或淀粉阳性对照液），加入2mL水，振摇混溶或用涡旋振荡器摇匀，滴入3滴碘试剂或8滴速测液，摇匀，5min后观察试管溶液颜色变化。

（3）空白对照组 取一支试管，加入1mL蒸馏水替代样品，其他操作同样品组。

观察颜色变化时，应在自然光光源下，且比色管应放在白色背景板上。

五、结果分析

（1）样品组结果分析 如果溶液变为棕色、紫色或棕紫色，说明样品中有糊精，溶液颜色越深，糊精含量越高；如果溶液变为灰色或灰蓝色，或出现灰色或灰蓝色沉淀，说明样品中有淀粉，溶液颜色越深，淀粉含量越高；溶液整体为黄色或淡黄色，糊精或淀粉均未检出。

（2）阳性对照组结果分析 糊精阳性对照溶液变为棕色、紫色或棕色紫色；淀粉阳性对照溶液变为灰色或灰蓝色，且呈色时间较长。

（3）空白对照组结果分析 溶液整体呈现蜂蜜本色（通常为黄色或淡黄色）。

实际检测过程中，阳性对照组和空白对照组中任何一个结果出现异常，都应该更换新的试剂，重新测定。

六、结果说明

（1）本方法为现场快速定性方法，仅用于初步测定，精确定量应以GB 5009.9—2016《食品安全国家标准 食品中淀粉的测定》为准。

（2）蜂蜜本身含有少量糊精，本方法不易检出。

任务单

一、任务要求

采用淀粉遇碘显色的方法完成蜂蜜中糊精或淀粉的快速定性测定。掌握样品的制备和测定方法，熟练使用天平、自然光光源和白色背景板等仪器设备，能够根据样品组、阳性对照组和空白对照组的显色情况进行结果分析。

二、任务实施

（一）分组讨论，制定工作方案、确定人员分工

填写方案设计表（附表1）。

（二）试剂配制、仪器设备的准备

1.试剂配制

填写试剂配制表（附表2）。

2. 仪器设备

填写所需仪器设备统计表（附表3）。

（三）实验操作

按照资料单中的分析步骤进行操作。

（四）填写原始数据

糊精和淀粉的快速检测原始数据记录单

<table>
<tr><td>样品名称</td><td colspan="2"></td><td colspan="2">样品编号</td><td colspan="3"></td><td colspan="2">检测时间</td><td colspan="2"></td></tr>
<tr><td>检测地点</td><td colspan="2"></td><td colspan="2">检测项目</td><td colspan="3"></td><td colspan="2">检测依据</td><td colspan="2"></td></tr>
<tr><td>仪器名称</td><td colspan="2"></td><td colspan="2">室温（℃）</td><td colspan="3"></td><td colspan="2">相对湿度RH（%）</td><td colspan="2"></td></tr>
<tr><td rowspan="11">呈色
结果
记录</td><td rowspan="2">记录项</td><td colspan="7">呈现颜色</td><td colspan="3">结果判定</td></tr>
<tr><td>棕色</td><td>紫色</td><td>棕紫色</td><td>灰色</td><td>灰蓝色</td><td>沉淀</td><td>无变化</td><td>正常</td><td>异常</td><td>检出</td></tr>
<tr><td>阳性对照1</td><td></td><td></td><td></td><td></td><td></td><td></td><td></td><td></td><td></td><td></td></tr>
<tr><td>阳性对照2</td><td></td><td></td><td></td><td></td><td></td><td></td><td></td><td></td><td></td><td></td></tr>
<tr><td>阳性对照3</td><td></td><td></td><td></td><td></td><td></td><td></td><td></td><td></td><td></td><td></td></tr>
<tr><td>空白对照1</td><td></td><td></td><td></td><td></td><td></td><td></td><td></td><td></td><td></td><td></td></tr>
<tr><td>空白对照2</td><td></td><td></td><td></td><td></td><td></td><td></td><td></td><td></td><td></td><td></td></tr>
<tr><td>空白对照3</td><td></td><td></td><td></td><td></td><td></td><td></td><td></td><td></td><td></td><td></td></tr>
<tr><td>样品1</td><td></td><td></td><td></td><td></td><td></td><td></td><td></td><td></td><td></td><td></td></tr>
<tr><td>样品2</td><td></td><td></td><td></td><td></td><td></td><td></td><td></td><td></td><td></td><td></td></tr>
<tr><td>样品3</td><td></td><td></td><td></td><td></td><td></td><td></td><td></td><td></td><td></td><td></td></tr>
<tr><td>结果分析</td><td colspan="11"></td></tr>
</table>

续表

安全评价结果	
检验人：	校核人：

三、考核评价

蜂蜜中糊精和淀粉的快速检测考核评分标准

食品添加剂检测安全评价知识点在线测试

考核项目五 非法添加物检测安全评价

技能操作一 水发产品中甲醛的快速检测

资料单

一、原理

在碱性条件下，游离的甲醛与间苯三酚反应后出现橙红色特征，以此可判断水产品中是否含有人为添加的甲醛。

二、试剂和材料

除非另有规定，本方法所用试剂均为分析纯。水为GB/T 6682—2008规定的二级水或去离子水。

（1）1%间苯三酚溶液：称取固体间苯三酚1g，溶于100mL 12%氢氧化钠溶液中。此溶液临用时现配。

（2）甲醛阳性对照液：取2.6mL甲醛（37%～40%），加水定容至100mL，摇匀后得到初次稀释的甲醛溶液；取1mL初次稀释的甲醛溶液，再次用水定容至100mL，摇匀后备用，此溶液即为甲醛阳性对照液。

（3）1.5mL离心管。

（4）移液枪。

三、仪器和设备

（1）自然光光源。

（2）白色背景板。

（3）组织捣碎机。

（4）天平：感量1mg。

（5）振荡器。

四、分析步骤

1. 取样

（1）鲜活水产品　取肌肉等可食部分。

（2）冷冻水产品　经半解冻，直接取肌肉等可食部分，不可用水清洗。

（3）水发水产品　可取其水发溶液直接测定，或样品沥干水后取肌肉等可食部分。

（4）干制水产品　取肌肉等可食部分。

2. 试样的制备

（1）水发水产品的水发溶液　取出水发水产品，将水发溶液充分摇匀并静置片刻。待杂质完全下沉后，上清液作为制备液进行快速检测。

（2）各类水产品的可食部分　将取得的样品用组织捣碎机捣碎，称取10g于三角瓶中，加入20mL蒸馏水，振荡器上振荡30min，离心后取上清液作为制备液进行快速检测。

3. 测定

（1）样品组　用移液枪吸取上述浸泡液1mL于1.5mL离心管中，加入0.2mL 1%间苯三酚溶液，2min内观察颜色变化。

（2）阳性对照组　用移液枪吸取甲醛阳性对照液0.1mL于1.5mL离心管中，加入0.9mL蒸馏水，充分摇匀，再加入0.2mL 1%间苯三酚溶液，2min内观察颜色变化。

（3）空白对照组　用移液枪吸取蒸馏水1mL于1.5mL离心管中，加入0.2mL 1%间苯三酚溶液，2min内观察颜色变化。

观察颜色变化时，应在自然光光源下，且离心管应放在白色背景板上。

五、结果分析

（1）样品组结果分析　溶液整体呈橙红色，说明样品中有甲醛存在且含量较高；溶液整体呈浅红色，说明样品中有甲醛存在且含量较低；溶液整体无颜色变化，甲醛未检出。

（2）阳性对照组结果分析　溶液整体呈橙红色，且呈色时间较长。

（3）空白对照组结果分析　溶液整体无颜色变化。

实际检测过程中，阳性对照组和空白对照组中任何一个结果出现异常，都应该更换新的1%间苯三酚溶液，重新测定。

六、结果说明

（1）本方法为现场快速定性方法，仅用于初步测定，精确定量应以SC/T 3025—2006《水产品中甲醛的测定》为准。

（2）水发鱿鱼、水发虾仁等样品的制备液因带浅红色，不适合此法。

任务单

一、任务要求

采用间苯三酚显色的方法完成水产品中甲醛的快速定性测定。掌握样品的制备和测定方法，熟练使用组织捣碎机、天平、振荡器、移液枪、自然光光源和白色背景板等仪器设备，能够根据样品组、阳性对照组和空白对照组的显色情况进行结果分析。

二、任务实施

（一）分组讨论，制定工作方案、确定人员分工

填写方案设计表（附表1）。

（二）试剂配制、仪器设备的准备

1.试剂配制

填写试剂配制表（附表2）。

2. 仪器设备

填写所需仪器设备统计表（附表3）。

（三）实验操作

按照资料单中的分析步骤进行操作。

（四）填写原始数据

甲醛的快速检测原始数据记录单

样品名称		样品编号		检测时间	
检测地点		检测项目		检测依据	
仪器名称		室温（℃）		相对湿度 RH（%）	

续表

	记录项	呈现颜色			结果判定		
		橙红色	浅红色	无变化	正常	异常	甲醛检出
呈色结果记录	阳性对照1						
	阳性对照2						
	阳性对照3						
	空白对照1						
	空白对照2						
	空白对照3						
	样品1						
	样品2						
	样品3						
结果分析							
安全评价结果							

检验人:　　　　　　　　　　校核人:

三、考核评价

水发产品中甲醛的快速检测考核评分标准

技能操作二　辣椒制品中苏丹红的快速检测

资料单

一、原理

苏丹红为亲脂性偶氮类化工染色剂，一般不溶于水，易溶于有机溶剂。在样品处理阶段加入乙酸乙酯等有机溶剂，根据相似相溶原理，苏丹红染料被提取到有机溶剂中。然后将提取液点在层析板上，因在特定展开剂中苏丹红与其他人工合成色素或天然色素的理化性质（吸附力、分子极性、分子亲和力、分配系数等）不同，其在层析板上的展开距离也与其他色素不同，同时添加苏丹红标准品作为对照。最终根据苏丹红标准品和提取液中各组分在层析板上的展开距离来确定样品中是否添加了苏丹红染料。

二、试剂和材料

除非另有规定，本方法所用试剂均为分析纯。水为GB/T 6682—2008规定的二级水或去离子水。

（1）乙酸乙酯（或环己烷、正己烷等有机溶剂）。

（2）展开剂：正丁醇：无水乙醇：氨水＝20：1：1（体积比）。

（3）苏丹红Ⅰ、苏丹红Ⅱ、苏丹红Ⅲ、苏丹红Ⅳ号对照液。

（4）7mL离心管。

（5）移液枪。

（6）层析板。

（7）毛细管。

（8）洗耳球。

三、仪器和设备

（1）天平：感量1mg。

（2）层析缸。

（3）通风橱。

四、分析步骤

1. 试样的制备

取约1g样品于7mL离心管中，加入2mL蒸馏水和2mL乙酸乙酯（或环己烷、正己烷等有机溶剂），充分振荡1min以上，静置3min以上。如果下层（水层）溶液有颜色，说明样品中含有水溶性色素，可选用水溶性非食用色素速测盒加以检测；如果上层（有机溶剂层）溶液有颜色，说明样品中含有油溶性色素，即可能会含有苏丹红染料，需要按照后续步骤继续测定。

2. 点样

（1）取一块层析板，分别在底端向上约1cm处和顶端向下约1cm处，用铅笔轻轻地各画一条横线（起始线和终止线）。然后再用铅笔在起始线上标记加样点，相邻加样点间的间距均为0.8cm。标记加样点时要注意，在层析板左右两侧均留出一定空间。

（2）层析板水平放置，取1支毛细管，将毛细管浸入步骤1（试样的制备）的上层溶液中，待溶液在毛细管中上升约3cm（约2μL）后取出。用毛细管将溶液垂直点样至相应的加样点，边点样边用洗耳球吹干，以保证点样斑点直径控制在5mm以内（样品溶液颜色较浅时，可适当增加点样量）。

（3）另取4支毛细管，分别蘸取少许苏丹红Ⅰ、Ⅱ、Ⅲ、Ⅳ号对照液，依次点在其他加样点上。

3.展开

（1）在一个层析缸（或250mL烧杯）中，加入约5mL展开剂，并将层析缸置于水平桌面上。展开剂的加入量可根据层析缸（或烧杯）的大小进行适当调整，液面高度应控制在起始线以下。

（2）将层析板（点样端朝下）插入展开剂中，微微倾斜靠在层析缸壁上，盖紧层析缸上盖。待展开剂沿层析板向上平行展开至终止线时，取出层析板。

（3）挥干层析板上的有机溶剂（自然干、洗耳球吹干或吹风机吹干），观察结果。

展开剂的配制及上述所有展开步骤均在通风橱中进行。

五、结果分析

如果试样在层析板展开轨迹中出现有色斑点，且该色斑的展开距离与某号苏丹红对照液的展开距离相等（或差异很小）、颜色相同（或颜色虽浅但相近），即可判断样品中含有某号苏丹红染料。

注：某色斑的展开距离为该色斑中心点到其加样点之间的直线距离。

六、结果说明

（1）本方法为现场快速定性方法，仅用于初步测定，精确定量应以GB/T 19681—2005《食品中苏丹红染料的检测方法 高效液相色谱法》为准。

（2）本方法的检出限会随点样量的变化而变化，点样量越大检出限越小。如点样量为10μL时，0.08μg苏丹红染料目视可见，即样液最低检出浓度为8μg/mL，相对应地样品检出限为16mg/kg。

任务单

一、任务要求

采用薄层层析的方法完成辣椒制品中苏丹红染料的快速定性测定。掌握试样的制备、点样和展开方法，熟练使用天平、移液枪、毛细管和通风橱等实验器材，规范使用层析板和层析缸。能够根据层析板上试样和苏丹红系列对照液的展开轨迹进行结果分析，得出恰当结论。

二、任务实施

（一）分组讨论，制定工作方案、确定人员分工

填写方案设计表（附表1）。

（二）试剂配制、仪器设备的准备

1. 试剂配制

填写试剂配制表（附表2）。

2. 仪器设备

填写所需仪器设备统计表（附表3）。

（三）实验操作

按照资料单中的分析步骤进行操作。

（四）填写原始数据

苏丹红染料的快速检测原始数据记录单

<table>
<tr><td>样品名称</td><td colspan="2"></td><td colspan="2">样品编号</td><td colspan="3"></td><td colspan="2">样品质量</td><td colspan="2"></td></tr>
<tr><td>检测地点</td><td colspan="2"></td><td colspan="2">检测项目</td><td colspan="3"></td><td colspan="2">检测依据</td><td colspan="2"></td></tr>
<tr><td>仪器名称</td><td colspan="2"></td><td colspan="2">室温（℃）</td><td colspan="3"></td><td colspan="2">相对湿度RH（%）</td><td colspan="2"></td></tr>
<tr><td rowspan="5">结果记录</td><td rowspan="2">记录项</td><td colspan="2">是否有色斑</td><td colspan="4">展开距离相同或相近的对照液</td><td colspan="4">色斑颜色相同或相近的对照液</td></tr>
<tr><td>是</td><td>否</td><td>Ⅰ</td><td>Ⅱ</td><td>Ⅲ</td><td>Ⅳ</td><td>Ⅰ</td><td>Ⅱ</td><td>Ⅲ</td><td>Ⅳ</td></tr>
<tr><td>样品1</td><td></td><td></td><td></td><td></td><td></td><td></td><td></td><td></td><td></td><td></td></tr>
<tr><td>样品2</td><td></td><td></td><td></td><td></td><td></td><td></td><td></td><td></td><td></td><td></td></tr>
<tr><td>样品3</td><td></td><td></td><td></td><td></td><td></td><td></td><td></td><td></td><td></td><td></td></tr>
<tr><td>结果分析</td><td colspan="11"></td></tr>
<tr><td>安全评价结果</td><td colspan="11"></td></tr>
<tr><td colspan="4">检验人：</td><td colspan="8">校核人：</td></tr>
</table>

三、考核评价

辣椒制品中的苏丹红的快速检测考核评分标准

技能操作三　乳及乳制品中三聚氰胺的快速检测

资料单

一、原理

基于竞争性酶联免疫反应，样品中的三聚氰胺将和微孔条上预包被的偶联抗原竞争抗三聚氰胺抗体，加入酶标Ⅱ抗工作液催化底物显色，用酶标仪测量微孔溶液的吸光度值，三聚氰胺浓度与吸光值成反比，按绘制的校正曲线进行定量计算。

二、试剂和材料

除非另有规定，本方法所用试剂均为分析纯。水为GB/T 6682—2008规定的二级水或去离子水。

（1）三聚氰胺酶联免疫试剂盒（北京维德维康生物技术有限公司产品），在2～8℃条件下运输与保存，试剂盒组成如下：

①三聚氰胺酶标板：1块（8孔×12条）。

②三聚氰胺标准品工作液：浓度由低到高分别为0μg/L、10μg/L、30μg/L、90μg/L、270μg/L、810μg/L。

③三聚氰胺高浓度标准品：浓度10μg/mL。

④三聚氰胺抗体工作液。

⑤酶标Ⅱ抗工作液。

⑥10×浓缩样品稀释液：去离子水稀释10倍后使用。

⑦20×浓缩洗涤液：去离子水稀释20倍后使用。

⑧底物A液、底物B液（使用时按体积1:1混合，混匀后在5min内使用，避免使用金属盛装和搅拌试剂）。

⑨终止液。

试剂盒中所有试剂均应回温至室温（20～25℃）后方可使用。

（2）50mL具塞离心管。

（3）2mL具塞离心管。

（4）单道移液枪：200μL、1000μL和5mL。

（5）300μL多道移液枪。

（6）吸水纸。

（7）计时器。

三、仪器和设备

（1）天平：感量1mg。

（2）涡旋振荡器。

（3）酶标仪（检测波长450 nm，参考波长630 nm）。

四、分析步骤

1. 试样的制备

（1）液态乳或原料乳　量取10mL样品于50mL具塞离心管中，平衡至室温，待检。

（2）乳粉　称取1g（精确至0.01g）样品于50mL具塞离心管中，加6mL去离子水，涡旋振荡至乳粉完全溶解；取500μL溶解后的样品于2mL具塞离心管中，加入500μL样品稀释液，涡旋振荡30s，待检。

2. 测定

（1）加标和加样　将适当数量的微孔条插入框架中，分别在微孔中加入50μL的6个浓度的三聚氰胺标准品工作液（0，10，30，90，270，810μg/L）和制备好的试样，标记加样位置。

（2）加三聚氰胺抗体工作液　在上述每个微孔中加入50μL三聚氰胺抗体工作液，盖上盖板膜，轻轻振荡酶标板10s，充分混匀，室温避光反应30min。弃掉板中液体，用洗涤液洗板4次，将酶标板倒置于吸水纸上，拍干。

（3）加酶标Ⅱ抗　在上述每个微孔中加入100μL酶标Ⅱ抗，盖上盖板膜，轻轻振荡酶标板10s，充分混匀，室温避光反应30min。弃掉板中液体，用洗涤液洗板4次，将酶标板倒置于吸水纸上，拍干。

（4）加底物显色　在上述每个微孔中加入底物A、B混合液100μL，盖上盖板膜，轻轻振荡酶标板10s，充分混匀，室温避光反应15～20min。

（5）测吸光值　揭开盖板膜，在上述每个微孔中加入50μL终止液，轻轻振荡酶标板10s。然后立即用酶标仪在双波长450nm（测定波长）和630nm（参比波长）下检测吸光度，结果在终止后5min内读取。

3. 平行试验

按以上测定步骤，对同一标准溶液、同一样品溶液均应进行平行试验测定。

五、结果分析

各标准品（或样品）的平均吸光度值，除以浓度为0μg/L的标准品吸光度值，乘以100%，可以得到各标准品的相对吸光度值（%），结果按下式进行计算：

$$A_r = \frac{B}{B_0} \times 100\%$$

式中　A_r——相对吸光度值，%；

B——为标准（试样）溶液的吸光度值；

B_0——空白（0μg/L的标准品溶液）的吸光度值。

以各标准品相对吸光度值为纵坐标（%），三聚氰胺标准溶液浓度（μg/L）的自然对数值为横坐标，绘制半对数坐标系统曲线图。每次试验均应重新绘制标准曲线。从标准曲线上得出样品相对吸光度值（A_r）对应的试样中三聚氰胺的浓度（μg/L），乘以稀释倍数得到液态乳或原料乳样品中三聚氰胺的浓度。乳粉样品的浓度值按下式进行计算：

$$X = \frac{c \times V \times 1000 \times f}{m \times 1000}$$

式中　X——样品中三聚氰胺残留量，μg/kg；

c——从标准曲线上得到的三聚氰胺的浓度，μg/L；

V——样品溶液最终的定容体积，mL；

f——试样稀释倍数；

m——样品溶液所代表的最终试样质量，g。

也可以用酶标仪的数据处理软件进行计算，所得结果保留至小数点后一位。

六、结果说明

（1）本方法对液态乳或原料乳的测定低限为50μg/L；乳粉测定低限为150μg/kg。

（2）本方法测得的三聚氰胺含量，若液态乳或原料乳<50μg/L，或乳粉< 150μg/kg，报告为“结果阴性”；若液态乳或原料乳≥50μg/L，或乳粉≥150μg/kg，报告为“结果为筛查阳性，以液相色谱-质谱/质谱（LC-MS/MS）方法进行确证”。

（3）两次平行测定结果的相对偏差不得超过20%。

任务单

一、任务要求

采用酶联免疫吸附法完成乳及乳制品中三聚氰胺的快速测定。掌握试样的制备和测定方法，熟练使用天平、涡旋振荡器、移液枪和酶标仪等仪器设备，能够正确计算各标准品和试样的相对吸光度值、正确绘制标准曲线、正确计算试样中三聚氰胺的含量，并能给出规范合理的报告结果。

二、任务实施

（一）分组讨论，制定工作方案、确定人员分工

填写方案设计表（附表1）。

（二）试剂配制、仪器设备的准备

1. 试剂配制

填写试剂配制表（附表2）。

2. 仪器设备

填写所需仪器设备统计表（附表3）。

（三）实验操作

按照资料单中的分析步骤进行操作。

（四）填写原始数据

三聚氰胺的快速检测原始数据记录单

样品名称		样品编号		检测时间	
检测地点		检测项目		检测依据	
仪器名称		室温（℃）		相对湿度RH（%）	

续表

	组别		三聚氰胺标准溶液浓度（μg/L），Ln（标液浓度）						试样
			0，—	10，2.30	30，3.40	90，4.50	270，5.60	810，6.70	
读取结果及少量计算结果	平行1	B	—						
		B_0		—					
		A_r							
	平行2	B	—						
		B_0		—					
		A_r							
计算公式									
样品中三聚氰胺含量/（μg/L）	注意：结果保留至小数点后1位								
安全评价结果									

检验人：　　　　　　　　　　　　校核人：

三、考核评价

乳及乳制品中三聚氰胺的快速检测考核评分标准

技能操作四　白酒中甲醇的快速检测

资料单

一、原理

酒中甲醇在磷酸溶液中被高锰酸钾氧化成甲醛，过量的高锰酸钾及在反应中产生的二氧化锰用硫酸–草酸溶液除去，甲醛与品红亚硫酸作用生成蓝紫色醌型色素，与标准系列比较定量。

二、试剂和材料

除非另有规定，本方法所用试剂均为分析纯。水为GB/T 6682—2008规定的二级水或去离子水。

（1）高锰酸钾–磷酸溶液：称取3g高锰酸钾，加入15mL 85%磷酸溶液及70mL水的混合液中，待高锰酸钾溶解后用水定容至100mL。储于棕色瓶内，防止氧化力下降，保存时间不宜过长。

（2）草酸–硫酸溶液：称取5g无水草酸（$H_2C_2O_4$）或7g含2个结晶水的草酸（$H_2C_2O_4 \cdot 2H_2O$），溶于硫酸（1+1）中，并用硫酸（1+1）定容至100mL。混匀后储于棕色瓶中备用。

（3）品红亚硫酸溶液：称取0.1g研细的碱性品红，分次加水（80℃）共60mL，边加水边研磨使其溶解，待其充分溶解后滤于100mL容量瓶中，冷却后加10mL亚硫酸钠溶液（100g/L）和1mL盐酸，再加水至刻度，充分混匀，放置过夜。如溶液有颜色，可加少量活性炭搅拌后过滤，储于棕色瓶中，置于暗处保存。溶液呈红色时应弃去重新配制。

（4）甲醇标准溶液：准确称取1.000g 甲醇（相当于1.27mL），置于预先装有少量蒸馏水的100mL容量瓶中，加水稀释至刻度，混匀。此溶液每毫升相当于10mg甲醇，置低温保存。

（5）甲醇标准使用液：吸取10.0mL甲醇标准溶液于100mL容量瓶中，加水稀释至刻度，混匀。此溶液每毫升相当于1mg甲醇。

（6）无甲醇无甲醛的乙醇溶液：取0.3mL按测定步骤检查，不应显色。如显色，需要进行处理。取300mL无水乙醇，加高锰酸钾少许，振摇后放置24h，蒸馏，最初和最后的1/10蒸馏液弃去，收集中间的蒸馏部分，然后加水配成无甲醇无甲醛的乙醇溶液（体积分数为60%）。

（7）亚硫酸钠溶液（100g/L）。

（8）10mL移液管。

（9）25mL具塞比色管。

（10）单道移液枪：1000μL和5mL。

（11）2cm比色皿。

（12）计时器。

三、仪器和设备

（1）天平：感量1mg。

（2）分光光度计。

（3）自然光光源。

（4）白色背景板。

四、分析步骤

1. 待测样品酒精度的测定

（1）商品化的蒸馏酒及其配制酒　通常其商品包装上都会标识酒精度（即乙醇含量的体积分数），不需测定。

（2）非商品化或者散装的蒸馏酒及其配制酒　按照GB 5009.225—2016《食品安全国家标准　酒中乙醇浓度的测定》测定。

2. 甲醇的测定

（1）加样　根据待测样品的酒精度适当取样（含乙醇30%取1.0mL；40%取0.75mL；50%取0.6mL；60%取0.5mL，即保证所取样品中乙醇的量均为0.3mL），置于25mL具塞比色管中。

（2）加标　精确吸取0，0.10，0.20，0.40，0.60，0.80，1.00mL甲醇标准使用液（相当于0，0.1，0.2，0.4，0.6，0.8，1.0mg），分别置于25mL具塞比色管中，各加入0.5mL无甲醇无甲醛的乙醇溶液。

（3）高锰酸钾氧化　于样品管和标准管中各加水至5mL，再依次各加入2mL高锰酸钾-磷酸溶液，混匀，放置10min。

（4）草酸-硫酸褪色　各管加入2mL草酸-硫酸溶液，混匀后静置，使溶液褪色。

（5）品红亚硫酸显色　各管加入5mL品红亚硫酸溶液，混匀，于20℃以上静置0.5h。

（6）在自然光光源及白色背景板下，将样品管与标准系列目测比较，确定样品中甲醇含量的大致范围；或用分光光度计测定标品和样品的吸光值，并且计算样品中甲醇含量，具体方法为：用2cm比色皿，以零管调节零点，于波长590nm处测吸光度，绘制标准曲线比较定量。

五、结果分析

1.定性分析

不同酒精度的样品，当其比色管中溶液的颜色和系列甲醇标准品比色管中溶液的颜色相同时，样品中对应的甲醇含量如表1所示。

表1　比色结果对照表

标准管中甲醇含量（mg）		0	0.1	0.2	0.4	0.6	0.8	1.0
甲醇含量（以试样体积计）（g/L）	含30%乙醇	0	0.10	0.20	0.40	0.60	0.80	1.00
	含40%乙醇	0	0.13	0.27	0.53	0.80	1.07	1.33
	含50%乙醇	0	0.17	0.33	0.67	1.00	1.33	1.67
	含60%乙醇	0	0.20	0.40	0.80	1.20	1.60	2.00
甲醇含量（以100%酒精度计）（g/L）	含30%乙醇 含40%乙醇 含50%乙醇 含60%乙醇	0	0.33	0.67	1.33	2.00	2.67	3.33

比较样品管和标准管中溶液的颜色，结合比色结果对照表，即可确定样品中甲醇的浓度范围。如：对于乙醇含量为50%的样品而言，样品管的颜色深度介于甲醇含量为0.1mg和0.2mg的标准管之间时，可以判断样品中甲醇的含量范围为：0.17～0.33g/L（以试样体积计）；0.33 ～0.67g/L（以100%酒精度计）。

2.定量分析

用2cm比色皿，以零管调节零点，于波长590nm处测吸光度，以系列标准管中的甲醇质量（mg）为横坐标，吸光度值为纵坐标绘制标准曲线。根据标准曲线方程计算试样中的甲醇质量m（mg），并按下式计算试样中甲醇含量（以试样体积计）：

$$X_1=\frac{m}{V}$$

式中　X_1——试样中甲醇的含量（以试样体积计），g/L；

m——从标准曲线得到的试样中甲醇质量，mg；

V——加样时的取样体积，mL。

试样中甲醇含量（以100%酒精度计）按下式计算：

$$X_2=\frac{X_1\times 100}{C}$$

式中　X_2——试样中甲醇的含量（以100%酒精度计），g/L；

C——试样的酒精度。

六、结果说明

（1）GB 2757—2012中规定，蒸馏酒及其配制酒中甲醇含量（以100%酒精度计）

的限量标准为：粮谷类≤0.6g/L，其他类≤2.0g/L。在本实验中，对于粮谷类蒸馏酒及其配制酒，只要样品管的颜色比甲醇质量为0.1mg的标准管的颜色深，都需用GB 5009.266—2016进一步测定；对于其他类蒸馏酒及其配制酒，只要样品管的颜色比甲醇质量为0.6mg的标准管的颜色深，都需用GB 5009.266—2016进一步测定。

（2）甲醇与乙醇的关系：甲醇显色灵敏度与乙醇浓度有密切关系，试样显色灵敏度随乙醇浓度的改变而改变，乙醇浓度越高，甲醇显色灵敏度越低。故在操作中样品管与标准管显色时乙醇浓度应严格控制一致。

（3）温度的影响：当实验加入草酸硫酸溶液褪色时，会放出热量，温度升高，此时需适当冷却，才能加入品红亚硫酸溶液进行显色。显色时温度最好控制在20℃以上，温度越低所需显色时间越长，温度越高所需显色时间越短，但显色的稳定段也越短。另外，标准管和样品管的温度差也不应超过1℃。

（4）严格遵守0.5h后比色。酒中的醛类以及经高锰酸钾氧化其他醇生成的醛（乙醛、丙醛等），与品红亚硫酸作用也显色。但是在一定浓度的硫酸酸性下，除甲醛可以形成经久不变的紫色外，其他醛所形成的颜色会慢慢消退。因此必须严格遵守0.5h后比色或测定吸光度的规则。

任务单

一、任务要求

采用品红亚硫酸比色法完成市售白酒中甲醇的快速测定。掌握试样中甲醇测定的具体步骤，尤其是能够对不同酒精度样品进行正确加样。熟练使用移液管和移液枪，会进行甲醇标准使用液的配制，能规范操作分光光度计（或能正确使用自然光光源和白色背景板），能正确绘制标准曲线并计算试样中的甲醇含量（或能根据目测比色结果确定试样中甲醇含量的大致范围）。

二、任务实施

（一）分组讨论，制定工作方案、确定人员分工

填写方案设计表（附表1）。

（二）试剂配制、仪器设备的准备

1. 试剂配制

填写试剂配制表（附表2）。

2. 仪器设备

填写所需仪器设备统计表（附表3）。

（三）实验操作

按照资料单中的分析步骤进行操作。

（四）填写原始数据

甲醇的快速检测原始数据记录单（目测比色）

<table>
<tr><td>样品名称</td><td></td><td>样品编号</td><td colspan="3"></td><td colspan="2">检测时间</td><td colspan="2"></td></tr>
<tr><td>检测地点</td><td></td><td>检测项目</td><td colspan="3"></td><td colspan="2">检测依据</td><td colspan="2"></td></tr>
<tr><td>仪器名称</td><td></td><td>室温（℃）</td><td colspan="3"></td><td colspan="2">相对湿度RH（%）</td><td colspan="2"></td></tr>
<tr><td rowspan="7">目测比色结果</td><td colspan="2">试样酒精度</td><td colspan="7"></td></tr>
<tr><td colspan="2">试样取样量（mL）</td><td colspan="7"></td></tr>
<tr><td colspan="2">标准管中甲醇含量（mg）</td><td>0</td><td>0.1</td><td>0.2</td><td>0.4</td><td>0.6</td><td>0.8</td><td>1.0</td></tr>
<tr><td colspan="2">样品管比色结果（平行1）</td><td></td><td></td><td></td><td></td><td></td><td></td><td></td></tr>
<tr><td colspan="2">样品管比色结果（平行2）</td><td></td><td></td><td></td><td></td><td></td><td></td><td></td></tr>
<tr><td colspan="2">甲醇含量（以试样体积计）(g/L)</td><td colspan="7"></td></tr>
<tr><td colspan="2">甲醇含量（以100%酒精度计）(g/L)</td><td colspan="7"></td></tr>
<tr><td>结果分析</td><td colspan="9"></td></tr>
<tr><td>安全评价结果</td><td colspan="9"></td></tr>
</table>

检验人：　　　　　　　　　　　　　　校核人：

注：（1）标注样品管比色结果时，在与其颜色最接近的两个标准管对应的位置打勾“√”。若样品管与某一标准管颜色相同或几乎相同，仅在该标准管对应的位置打勾“√”。如：样品管颜色深度介于甲醇含量为0.1mg和0.2mg的标准管之间时，在0.1和0.2对应的位置下打勾“√”。
（2）甲醇含量用范围表示。

甲醇的快速检测原始数据记录单（分光光度计测定）

样品名称		样品编号		检测时间	
检测地点		检测项目		检测依据	

续表

<table>
<tr><td>仪器名称</td><td></td><td colspan="2">室温（℃）</td><td colspan="3"></td><td colspan="2">相对湿度RH（%）</td><td colspan="2"></td></tr>
<tr><td rowspan="5">读取结果</td><td rowspan="2">组别</td><td colspan="7">标准管中甲醇含量（mg）</td><td rowspan="2">试样1</td><td rowspan="2">试样2</td></tr>
<tr><td>0</td><td>0.1</td><td>0.2</td><td>0.4</td><td>0.6</td><td>0.8</td><td>1.0</td></tr>
<tr><td>吸光度值（A_{590nm}）</td><td></td><td></td><td></td><td></td><td></td><td></td><td></td><td></td><td></td></tr>
<tr><td>试样酒精度</td><td colspan="7">—</td><td colspan="2"></td></tr>
<tr><td>试样取样量（mL）</td><td colspan="7">—</td><td colspan="2"></td></tr>
<tr><td>计算公式</td><td colspan="10"></td></tr>
<tr><td>样品中甲醇含量/（g/L）</td><td colspan="10">注：用“以试样体积计”和“以100%酒精度计”两种形式给出结果，结果保留至小数点后2位</td></tr>
<tr><td>安全评价结果</td><td colspan="10"></td></tr>
<tr><td colspan="5">检验人：</td><td colspan="6">校核人：</td></tr>
</table>

三、考核评价

白酒中甲醇的快速检测——目测比色考核评分标准

白酒中甲醇的快速检测——分光光度计测定考核评分标准

技能操作五 米粉中吊白块的快速检测

资料单

一、原理

甲醛次硫酸氢钠俗称吊白块，在食物中易分解成甲醛、次硫酸氢钠和二氧化硫。通过浸泡样品5～10min，可以将人为加入的吊白块的分解产物甲醛和二氧化硫浸泡出来，而本底中含有的甲醛仍然保留于样品中。取浸泡液检测其中的甲醛含量，游离的甲醛与显色剂反应生成紫色化合物，与比色板对比得出甲醛含量。若甲醛含量较高，则表示样品中可能含有吊白块。但是有些食品也会非法添加甲醛，为了避免造成误判，还需进一步检测样品中的二氧化硫含量。当二氧化硫含量超出国家限定值时，基本上可以判定样品中含有吊白块成分。

二、试剂和材料

除非另有规定，本方法所用试剂均为分析纯。水为GB/T 6682—2008规定的二级水或去离子水。

（1）吊白块的快速检测试剂盒（CDC-2031）组成如下：

①1号试剂、2号试剂、3号试剂；

②标准色板；

③1.5mL离心管。

（2）甲醛阳性对照液：取2.6mL甲醛（37%～40%），加水定容至100mL，摇匀后得到初次稀释的甲醛溶液；取1mL初次稀释的甲醛溶液，再次用水定容至100mL，摇匀后备用，此溶液即为甲醛阳性对照液。

（3）带刻度的试管：容量大于10mL。

（4）一次性吸管。

（5）1000μL单道移液枪。

（6）计时器。

三、仪器和设备

（1）天平：感量0.1mg。

（2）自然光光源。

（3）白色背景板。

四、分析步骤

1. 试样的制备

取1g剪碎的样品于试管中，加水至10mL，振摇20次，放置5min，上清液保留备用。

2. 测定

（1）甲醛测定

样品组：取1mL上清液至离心管中，加入4滴1号试剂，再加入4滴2号试剂，盖盖后混匀。1min后加2滴3号试剂，摇匀，5～10min内与标准色板比对，读数乘以10即为样品中甲醛含量（mg/kg）。若颜色超出色板标示含量范围，应将样品用水稀释后重新测定，比色结果再乘以稀释倍数即可。

空白对照组：将样品组的1mL上清液替换成1mL水，其余操作不变。

阳性对照组：将样品组的1mL上清液替换成1mL甲醛阳性对照液，其余操作不变。

（2）二氧化硫测定　当第一步的检测结果显示甲醛含量大于20mg/kg时，应进一步检测样品中二氧化硫的含量，具体测定方法详见“考核项目四　食品添加剂检测安全评价——二氧化硫的快速检测”。

五、结果分析

1.甲醛测定

空白对照组溶液应该是无色透明的，阳性对照组溶液呈深紫色。在此基础上，根据测定步骤中的描述得到样品中甲醛的含量（mg/kg）。当甲醛含量大于20mg/kg时，表示样品中可能存在吊白块成分，应进一步测定样品中的二氧化硫含量。

2.二氧化硫测定

结果分析详见“考核项目四　食品添加剂检测安全评价——二氧化硫的快速检测”，根据检测结果，判断样品中的二氧化硫含量是否超出国家限定值（具体标准参见GB 2760—2014《食品安全国家标准　食品添加剂使用标准》）。

3.综合分析

当样品中甲醛含量≥20mg/kg，且二氧化硫含量大于国家限定值时，检测结果为“吊白块阳性”；当样品中甲醛含量≥20mg/kg，但二氧化硫含量小于等于国家限定值时，检测结果为“吊白块疑似阳性”，可通过GB/T 21126—2007进一步测定；当样品中甲醛含量<20mg/kg，检测结果为“吊白块阴性”。

六、结果说明

（1）本方法为现场快速定性方法，仅用于初步测定，精确定量应以GB/T 21126—

2007《小麦粉与大米粉及其制品中甲醛次硫酸氢钠含量的测定》为准。

（2）本方法适用于米粉、面粉及由此制作的食品如粉丝等。

（3）阳性对照组和空白对照组中任何一个结果出现异常，都应该更换新的试剂盒，重新测定。

任务单

一、任务要求

采用吊白块快速检测试剂盒（CDC-2031）完成米粉中吊白块的定性测定。掌握样品的制备和测定方法，熟练使用天平、移液枪、自然光光源和白色背景板等仪器设备，能够根据甲醛测定步骤中样品组、阳性对照组和空白对照组的显色情况进行结果分析，并且能够根据甲醛含量判断是否需要进一步测定。本任务只考察甲醛测定部分。

二、任务实施

（一）分组讨论，制定工作方案、确定人员分工

填写方案设计表（附表1）。

（二）试剂配制、仪器设备的准备

1. 试剂配制

填写试剂配制表（附表2）。

2. 仪器设备

填写所需仪器设备统计表（附表3）。

（三）实验操作

按照资料单中的分析步骤进行操作。

（四）填写原始数据

甲醛的快速检测原始数据记录单

样品名称		样品编号		检测时间	
检测地点		检测项目		检测依据	
仪器名称		室温（℃）		相对湿度RH（%）	

续表

	记录项	呈现颜色		结果判定			
		无色透明	紫色	正常	异常	对应比色卡浓度（mg/kg）	甲醛含量（mg/kg）
呈色结果记录	阳性对照1					—	—
	阳性对照2					—	—
	阳性对照3					—	—
	空白对照1					—	—
	空白对照2					—	—
	空白对照3					—	—
	样品1			—	—		
	样品2			—	—		
	样品3			—	—		
结果分析							
安全评价结果							
检验人：				校核人：			

三、考核评价

米粉中吊白块的快速检测考核评分标准

非法添加物检测安全评价知识点在线测试

气相色谱检测仿真

液相色谱检测仿真

参考文献

段丽丽.食品安全快速检测［M］.北京：北京师范大学出版社.2014.

模块四

粮农食品安全管理

通过对粮农食品安全标准及法规、粮农食品安全管理体系建立和食品贮藏、加工与流通过程安全管理与控制三个项目的知识资料单的学习和任务单的操作实践，了解和掌握标准的查找、记录书写及收集、记录表格的编制和食品出厂检验报告的出具等知识和技能点对粮农食品安全评价的重要性，培养学生的职业道德、社会责任感和爱国情怀。

考核项目一 粮农食品安全标准及法规

技能操作 食品标准的查找

资料单

一、食品标准的定义

食品标准指一定范围内（如国家、区域、食品行业或企业、某一产品类别等）为达到食品质量、安全、营养等要求，以及为保障人体健康，对食品及其生产加工销售过程中的各种相关因素所作的管理性规定或技术性规定。这种规定须经权威部门认可或相关方协调认可。

二、我国标准分类

1.按标准效力性质分类

（1）强制性标准　强制性标准是国家技术法规的重要组成部分具有法律属性，在一定范围内通过法律、行政法规等手段强制执行的标准。

（2）推荐性标准　推荐性标准是指生产、交换、使用等方面，通过经济手段或市场调节而自愿采用的一类标准，又称为非强制性标准或自愿性标准。

2.按标准层次（级别）分类

（1）国家标准　国家标准是指对全国经济技术发展有重大意义，需要在全国范围内统一技术要求所制定的标准。国家标准在全国范围内适用，其他各级标准不得与之相抵触。国家标准由国务院标准化行政主管部门编制计划和组织草拟，并统一审批、编号和发布。

（2）行业标准　行业标准是指我国某个行业（如农业、卫生、轻工行业）领域作为统一技术要求所制定的标准。行业标准的制定不得与国家标准相抵触，国家标准公布实施后，相应的行业标准即行废止。行业标准由国务院有关行政主管部门制定，并报国务院标准化行政主管部门备案。

（3）地方标准　地方标准是指对没有国家标准和行业标准而又需要在省、自治区、直辖市范围内统一技术要求所制定的标准。地方标准不得与国家标准、行业标准相抵触，在相应的国家标准或行业标准实施后地方标准自行废止。地方标准由省、自治区、直辖市标准化行政主管部门制定并报国务院标准化行政主管部门和国务院有关行政主管部门备案。

（4）企业标准　企业标准是企业针对自身产品，按照企业内部需要协调和统一的技术、管理和生产等要求而制定的标准。企业标准由企业制定，并向企业主管部门和企业主管部门的同级标准化行政主管部门备案。

3.四级标准之间的关系

从标准的法律级别上来说，国家标准>行业标准>地方标准>企业标准。但从标准的技术内容上说，不一定与级别一致，一般来讲企业标准的某些技术指标应严于地方标准、行业标准和国家标准。

4.标准编号表示方法

标准的编号由标准代号、标准发布顺序号和标准发布年号三部分组成。如:

国家标准:GB（/T）XXXXX—XXXX

行业标准:NY（/T）XXXXX—XXXX

地方标准:DB**（/T）XXX—XXXX

企业标准: Q/XXX XXXX—XXXX

5.我国标准化管理体制

我国标准化工作实行统一管理和分工负责相结合的管理体制:

（1）按照国务院授权，在国家质量监督检验检疫总局管理下，国家标准化管理委员会统一管理全国标准化工作。

（2）国务院有关行政主管部门和国务院授权的有关行业协会分工管理本部门、本行业的标准化工作。

（3）省、自治区、直辖市标准化行政主管部门统一管理本行政区域的标准化工作。

（4）省、自治区、直辖市政府有关行政主管部门分工管理本行政区域内本部门、本行业的标准化工作。

（5）市、县标准化行政主管部门和有关行政部门主管1按照省、自治区、直辖市政府规定的各自的职责，管理本行政区域内的标准化工作。

三、食品安全标准体系

食品安全标准，在我们国家是一个新的概念，来源于《中华人民共和国食品安全法》。《中华人民共和国食品安全法》将其定性为“强制执行的标准”，且除食品安全标准外，不得制定其他的食品强制性标准。

1.食品标准体系四个部分

目前的食品标准体系分为以下四个部分。

（1）基础标准　包括：①食品中污染物限量标准；②食品中致病菌限量标准；③食品中真菌毒素限量标准；④食品添加剂使用标准；⑤营养强化剂使用标准；⑥食品中农药残留限量标准；⑦食品中兽药残留限量标准；⑧预包装食品标签标准。

（2）产品标准　指食品、食品添加剂和食品相关的产品标准。包括：①食品原料及产品（谷物及其制品、乳与乳制品、蛋与蛋制品、水产品及其制品等）；②营养与特殊膳食类食品（婴儿配方食品、特殊医学用途配方食品等）；③食品添加剂（琼脂、二丁基经基甲苯等）；④食品相关产品（不锈钢制品、消毒剂、有机硅防粘涂料等）。

（3）卫生规范　指食品生产经营过程的卫生要求标准。包括：①食品生产卫生规范（乳制品、饮料等食品生产规范）；②食品添加剂生产卫生规范；③食品相关产品生产卫生规范；④食品经营卫生规范；⑤餐饮操作卫生规范；⑥危害因素控制指南。

（4）检验方法与规程　包括：①理化方法；②微生物方法；③毒理学检验方法和评价程序；④寄生虫检验方法。

2.食品安全标准八项内容

食品安全标准包括以下八项内容：

（1）食品、食品相关产品中的致病性微生物、农药残留、兽药残留、重金属、污染物质以及其他危害人体健康物质的限量规定。

（2）食品添加剂的品种、使用范围和用量。

（3）专供婴幼儿和其他特定人群的主辅食品的营养成分要求。

（4）对与食品安全、营养有关的标签、标识、说明书的要求。

（5）食品生产经营过程的卫生要求。

（6）与食品安全有关的质量要求。

（7）食品检验方法与规程。

（8）其他需要制定为食品安全标准的内容。

3.食品标准的结构

（1）规范性要素　要声称符合标准而应遵守的条款的要素。

（2）资料性要素　标识标准、介绍标准、提供标准的附加信息的要素。

（3）规范性一般要素　描述标准的名称、范围，给出对于标准的使用必不可少的文件清单等要素。

（4）规范性技术要素　规定标准技术内容的要素。

（5）资料性概述要素　标示标准，介绍内容，说明背景、制定情况以及该标准与其他标准或文件的关系的要素。

（6）资料性补充要素　提供有助于标准的理解或使用的附加信息的要素。

在食品安全国家标准体系中，以基础标准为纬，以产品标准为经，就基本搭建起了一个基础的二维平面网状结构。生产经营规范标准将作为一个全方位对食品、食品添加剂和食品相关产品生产经营过程进行要求的部分，承担起将二维的网状结构变成三维的作用。检验方法标准将成为每两条经纬的支撑部件，起着不可忽视的加固作用。

标准体系内各部分成为既相互独立又互相依存的关系。

任务单

一、任务要求

掌握我国标准基础知识，能够熟悉标准的分类，能熟练查找出食品安全标准。

二、任务实施

（一）按照我国标准层次（级别）分类，完善下表

我国四级标准基本信息表

分类	代号	含义	管理部门
国家标准	GB		
		推荐性国家标准	
	GB/Z		
行业标准	NY		
	QB		
	WS		
	SC		农业部（水产）
	SN		
	HJ		
	YC		
	SB		
地方标准	DB**/		省级质量技术监督局
	DB**/T		
企业标准	Q/		

（二）按照标准制定的一般程序完善下列框架图

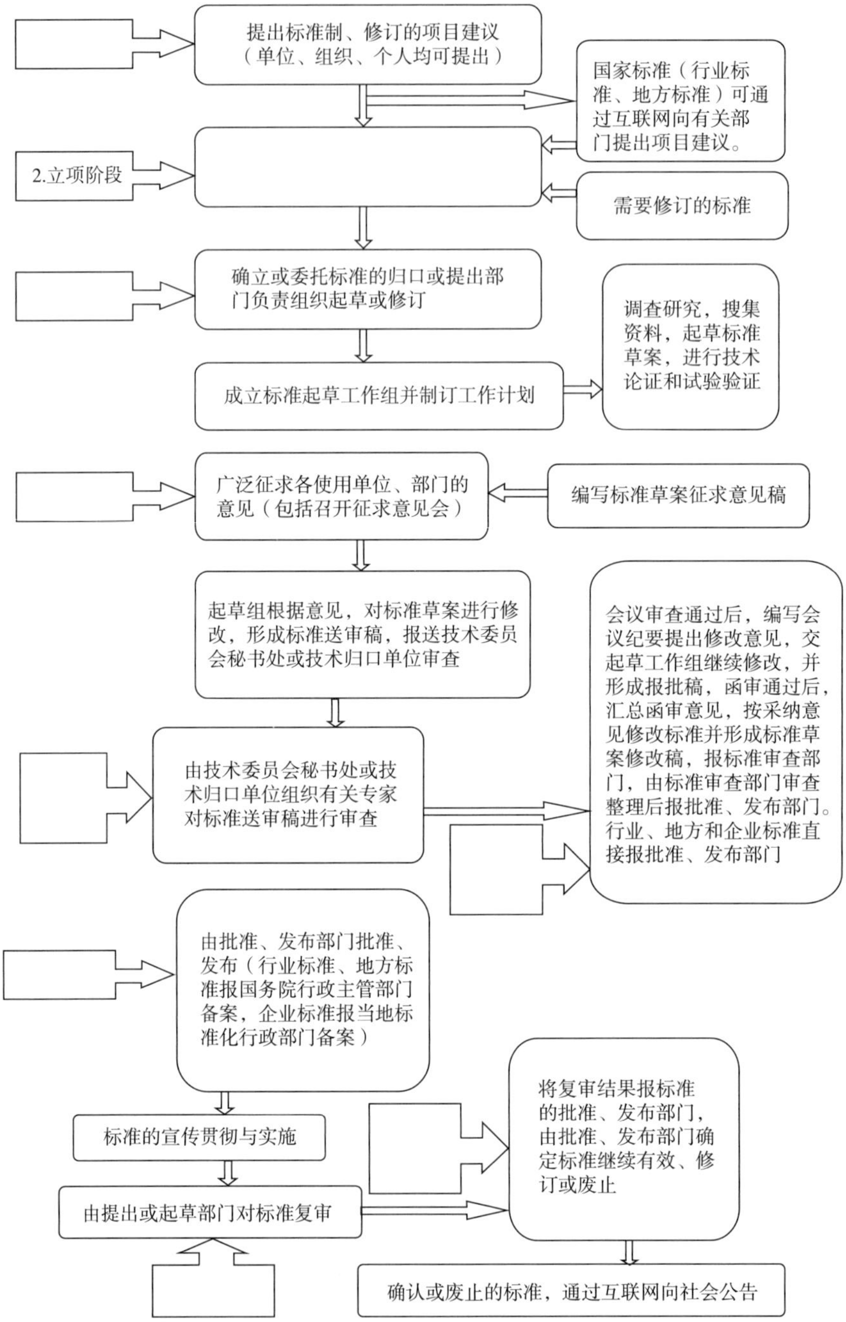

（三）按照食品标准的结构完善下面框架图

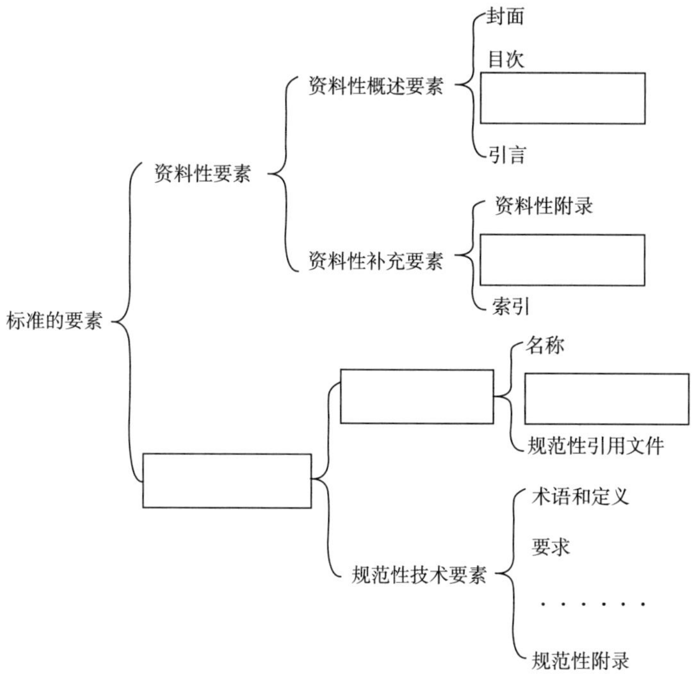

（四）食品标准的查找

请正确查找出食品标准GB/T 22253—2008《食品中阿力甜的测定》，并指出此标准现行有效还是已作废，如作废，现行有效的替代标准是什么，查找出来，将查找到的标准下载至指定文件夹并完善信息。

食品标准信息表

标准编码	标准名称	查询网址	已作废/现行有效	储存位置
GB/T 22253—2008	食品中阿力甜的测定			

三、考核评价

食品标准的查找
考核评分标准

粮农食品安全标准及法规知识点在线测试

参考文献

王世平.食品标准与法规［M］.北京：科学出版社，2017.

考核项目二 粮农食品安全管理体系建立

技能操作 粮食安全管理过程中记录的书写及收集

资料单

一、记录的分类

凡是粮农生产过程中的记录、报告及与产品相关的质量数据均属于记录范围。

（1）与粮农生产过程有关的记录主要有：农药采购及领用记录、农药使用记录、肥料购买及领用记录、肥料使用记录、粮食农事记录等。

（2）与采购、销售、生产、检验和交付有关的记录主要有：产品要求的评审记录、供方评价记录、产品检验记录、监视和测量装置的校准记录、统计技术的应用记录、顾客投诉及服务记录等。

（3）记录的形式为书面形式（如书面的表格形式、报告文件形式等）、硬拷贝、磁盘等电子媒体等形式。

二、文件记录表格的设计、审批、印制和领用

（1）各部门设计自己所需的记录表格，并将空白表格交行政部审核后报管理者代表或其授权人审批后交行政部印制。

（2）印制好的记录表格由仓库负责保管，各部门根据需要从仓库领用。

三、文件记录的填写

文件记录由开展该项活动的直接责任人按要求及时填写，填写要求如下。

（1）正确　质量记录所记内容必须真实准确，填写方法必须符合规定要求，字迹清晰，不随意涂改。需更改的部分采取划改，但需更改人签字并注明更改时间。

（2）及时　按规定时间填写、传递，发现问题应立即纠正。

（3）完整、齐全　记录必须按照格式逐项填写，如遇到不需填写的内容，应在该栏内画“/”。不得空项，文件规定的各种记录要作到齐全，签字手续完备。

四、记录的管理

1.文件记录的编号

各种记录表格也是管理体系文件的一部分，其编号与对应的体系文件章节相关联。质量记录的编号结构如图1所示。

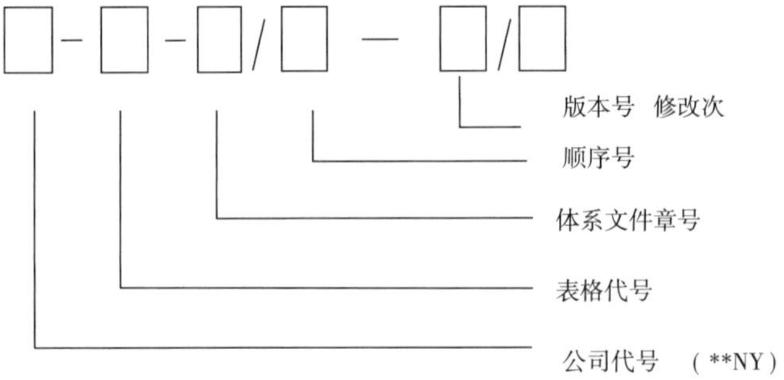

图 1 质量记录编号结构

编号含义：

（1）公司代号：**农业 (**NY)。

（2）负责部门编号举例：

章节名称	章节号
生产部	1
办公室	2
品控部	2

（3）表格代号：（FOR）。

（4）顺序号：为表格序列号，以数字编号，数字取值范围是“01~99”。

（5）版本号：为文件版本号，以字母编号，取值范围是“A、B、C…”。

（6）修改次：为表格修改次数号,以数字编号,取值范围是“0~9”。

2.记录的收集、归档、储存和保管

（1）记录按照统一集中、分级管理相结合的原则进行收集、归档、储存和保管，并做到易于查找。

（2）负责收集、归档质量记录的部门，对每种记录应按月装订，并加上封面和标识按月编写目录，建立台帐，以便检索和查阅。

（3）记录的储存与保管，必须防火、防潮、防霉、防虫蛀，经常检查，避免丢失。

（4）各类记录的保存期根据使用情况确定，并在《文件记录清单》中标识清楚。

3.文件记录的查阅、借阅和复制

（1）查阅文件记录，原则上在保管文件记录的部门进行，不得外借，不得涂改、加批和撕页，并严格遵守公司保密制度的相关规定，如果确实需要外借，要办理相关手续。

（2）其他人员需借阅或复制质量记录的，应经相应部门负责人批准。

4.文件记录的处理

过期的及被代替的记录，应经负责人批准后，在有监控的情况下予以销毁。

任务单

一、任务要求

某粮食生产企业需进行小麦的种植和存贮，请根据任务单中提供的表格进行模拟记录，并填写完整。

小麦生产情况

生产单位名称：　　　　　　　法人代表：　　　　　　　填表人：　　　　　　　年　月　日

<table>
<tr><td colspan="2">产品品种</td><td></td><td>商标</td><td></td></tr>
<tr><td colspan="2">栽培方法</td><td colspan="3"></td></tr>
<tr><td rowspan="2">栽培情况</td><td>名　称</td><td>成　分</td><td>来　源</td><td>原料处理方法</td></tr>
<tr><td></td><td></td><td></td><td></td></tr>
<tr><td rowspan="2">农药及其他化学剂</td><td>名　称</td><td>登记证号</td><td>防治病虫害</td><td>使用方法、时间、浓度或用量及休药期</td></tr>
<tr><td></td><td></td><td></td><td></td></tr>
<tr><td colspan="5">废污物无害化处理及环境保护情况（废污物无害化处理设施、措施及执行标准）</td></tr>
</table>

农药购买记录

生产单位名称： 法人代表： 填表人： 年 月 日

农药名称	数量	注册商标	生产厂家	批号	执行标准	登记证号	销售单位	用途	贮藏地点	购进日期	购买人签字

农药使用情况

<table>
<tr><td>作物名称</td><td colspan="4"></td><td>种植面积</td><td colspan="4"></td></tr>
<tr><td>播种时间</td><td colspan="4"></td><td>收获时间</td><td colspan="4"></td></tr>
<tr><td>农药名称</td><td>登记证号</td><td>类型</td><td>剂型规格</td><td>防治对象</td><td>使用方法</td><td>使用量</td><td>一个生产周期使用次数</td><td>末次使用时间</td><td>安全间隔期</td></tr>
<tr><td></td><td></td><td></td><td></td><td></td><td></td><td></td><td></td><td></td><td></td></tr>
</table>

肥料购买记录

生产单位名称：　　　　　　法人代表：　　　　　　填表人：　　　　　　年　月　日

肥料名称	数　量	注册商标	登记证号	生产单位	批　号	销售单位	贮藏地点	购进日期	购买人签名

肥料使用情况

肥料名称	登记证号	使用范围	使用方法	使用量	一个生产周期使用次数	末次使用时间

农事记录

生产单位名称: 法人代表: 填表人: 年 月 日

作物名称		品种名称		来源地及单位		种植面积		检疫情况	

日 期	农事活动	生产者签名

二、任务实施

分组讨论，制定工作方案、确定人员分工，填写方案设计表（附表1）。

三、考核评价

粮食安全管理过程中记录的书写及收集考核评分标准

粮农食品安全管理体系建立知识点在线测试

食品安全管理仿真

考核项目三
食品贮藏、加工与流通过程安全管理与控制

技能操作一　食品生产质量控制记录表格的编制

资料单

一、食品生产企业必备记录要求

对于食品企业来说，记录是产品质量控制过程中必不可少的，良好的记录可以保证产品追溯信息的完好。根据《中华人民共和国食品安全法》（以下简称《食品安全法》）、《食品生产许可审查通则》等法律法规要求，以下30项记录是食品生产企业必须具备的：

（1）原辅材料进货查验记录（《食品安全法》第五十条第二款）；

（2）原料验收记录（《食品安全法》第五十条第一款）；

（3）食品贮存记录（GB 14881—2013《食品安全国家标准　食品生产通用卫生规范》14.1.1）（出入库记录）；

（4）投料记录（《食品安全法》第四十六条）；

（5）关键控制点记录（《食品生产许可审查通则》1.11）；

（6）清洁消毒记录（GB 14881—2013《食品安全国家标准　食品生产通用卫生规范》8.2.1）；

（7）洗涤剂、消毒剂使用记录（《食品生产日常监督检查要点表》1.6）；

（8）半成品检验（《食品安全法》第四十六条）（过程检验）；

（9）包装记录（《食品安全法》第四十六条）；

（10）成品检验记录（《食品安全法》第五十二条）；

（11）产品留样记录（GB 14881—2013《食品安全国家标准　食品生产通用卫生规范》9.3）；

（12）产品销售记录（GB 14881—2013《食品安全国家标准　食品生产通用卫生规范》14.1.1）；

（13）运输交付记录（《食品安全法》第四十六条）；

（14）防鼠、防蝇、防虫害检查记录（《食品生产日常监督检查要点表》1.7）；

（15）温、湿度监测记录（《食品生产日常监督检查要点表》3.12）；

（16）生产设备、设施维护保养记录（《食品生产日常监督检查要点表》3.13）；

（17）卫生检查记录（GB 14881—2013《食品安全国家标准　食品生产通用卫生规

范》6.1.3）；

（18）生产过程微生物监测记录（GB 14881—2013《食品安全国家标准　食品生产通用卫生规范》8.2）；

（19）废弃物处置记录（GB 14881—2013《食品安全国家标准　食品生产通用卫生规范》6.5）；

（20）食品召回记录（《食品安全法》第六十三条）；

（21）不合格食品（原辅料、半成品、成品）处置记录；

（22）职工培训计划（《食品生产许可审查通则（2016）》4.2）；

（23）食品安全管理人员、检验人员、负责人培训和考核记录。（《食品生产日常监督检查要点表》7.2）；

（24）职工培训记录（《食品安全法》第四十四条第一款）；

（25）从业人员健康档案（《食品安全法》第四十五条）；

（26）食品安全自查记录（《食品安全法》第四十七条）；

（27）排查食品安全风险隐患记录（《食品生产日常监督检查要点表》8.1）；

（28）食品安全追溯体系（《食品安全法》第四十二条）（采购到销售全程记录）；

（29）客户投诉记录（GB 14881—2013《食品安全国家标准　食品生产通用卫生规范》14.1.3）；

（30）食品安全应急演练记录（《食品生产日常监督检查要点表》8.2）。

二、部分记录具体要求

1.原辅材料进货查验记录

《食品安全法》第五十条第二款规定，食品生产企业应当建立食品原料、食品添加剂、食品相关产品进货查验记录制度，如实记录食品原料、食品添加剂、食品相关产品的名称、规格、数量、生产日期或者生产批号、保质期、进货日期以及供货者名称、地址、联系方式等内容，并保存相关凭证。记录和凭证保存期限不得少于产品保质期满后六个月；没有明确保质期的，保存期限不得少于两年。

2.原料验收记录

《食品安全法》第五十条第一款规定，食品生产者采购食品原料、食品添加剂、食品相关产品，应当查验供货者的许可证和产品合格证明；对无法提供合格证明的食品原料，应当按照食品安全标准进行检验；不得采购或者使用不符合食品安全标准的食品原料、食品添加剂、食品相关产品。

任务单

一、任务要求

某食品企业主要生产一款橙汁饮料产品，用到的原料有：水、白砂糖、柠檬酸、鲜橙浓缩汁、橙味香精、维生素C、天然果胶、β-胡萝卜素。假设你是该企业的一位品控人员，需要你编制一份该产品的《原辅材料进货查验记录表》。同时为保证原料质量，企业会对原料按照相关食品安全标准进行检验，请你针对原料中的柠檬酸编制1份《柠檬酸质量验收记录表》。

二、任务实施

（一）分组讨论，制定工作方案、确定人员分工

填写方案设计表（附表1）。

（二）编制《原辅材料进货查验记录表》

（三）编制《柠檬酸质量验收记录表》

三、考核评价

食品生产质量控制记录表格的编制考核评分标准

技能操作二　食品出厂检验报告的出具

资料单

根据《中华人民共和国食品安全法》第五十一条规定，食品生产企业应当建立食品出厂检验记录制度，查验出厂食品的检验合格证和安全状况，如实记录食品的名称、规格、数量、生产日期或者生产批号、保质期、检验合格证号、销售日期以及购货者名称、地址、联系方式等内容，并保存相关凭证。

一般情况下，出厂检验时，同一班次、同一品种、同一次投料的产品为一个生产批次，对每批产品严格按抽样规则进行抽样，经出厂检验合格后开据合格检验报告，检验员和审核人在报告上签字后方可出厂。

检验用的仪器设备，应定期到法定检定机构检验部门检定，及时维护，处于良好运行状态，以保证检验数据的准确。

严格按企业制定的标准要求和检验方法进行检验，要逐批次对出厂前的成品进行检验，并记录检验结果。检验不合格的产品不可出厂。

每年参加一次质量技术监督部门组织的出厂检验对比试验，保证实验室数据准确有效。

任务单

一、任务要求

某食品企业生产了一批酱油产品，经相关指标检测，均符合相关食品安全国家标准要求。假设你是该企业的一位品控人员，需要你出具一份该产品的《出厂检验报告》。要求：产品的相关信息可自拟，检验项目与标准要求要符合酱油的食品安全国家标准规定。

二、任务实施

（一）分组讨论，制定工作方案、确定人员分工

填写方案设计表（附表1）。

（二）填写酱油产品的《出厂检验报告单》

出厂检验报告

企业名称： 编号：

产品名称		规格		生产日期/批号	
抽样地点			抽样人		
抽样日期			检验日期		
产品执行标准			检验依据		

续表

检验内容			
检验项目	标准要求	检验结果	单项判定

检验结论：

（检验报告专用章）
批准日期：　　年　月　日

检验员：＿＿＿＿＿＿　　审（复）核人：＿＿＿＿＿＿　　批准人：＿＿＿＿＿＿

三、考核评价

食品出厂检验报告的出具考核评分标准

食品贮藏、加工与流通过程的安全管理与控制知识点在线测试

模块五

粮农食品质量追溯

通过对粮食作物追溯信息的采集与记录、畜产品追溯信息的采集与记录两个项目的知识资料单的学习和任务单的操作实践，了解和掌握追溯码的识别、追溯信息的查询和追溯数据的填写等知识和技能点对粮农食品安全评价的重要性，培养学生的职业道德、社会责任感和爱国情怀。

考核项目一
粮食作物追溯信息的采集与记录

技能操作 稻米追溯信息的查询

资料单

一、基本概念

（1）追溯　通过记录和标识，追踪和溯源客体的历史、应用情况或所处位置的活动。

（2）追溯对象　需要对其来源、用途和位置等信息进行记录和追溯的目标。

（3）追溯单元　需要对其历史、应用情况或所处位置的相关信息进行记录、标识并可追溯的单个产品、同一批次产品或同一类产品。

（4）追溯数据　记录追溯的信息。

（5）追溯码　追溯系统中对追溯单元进行唯一标识的代码。

（6）追溯标签　以文字、图形、符号等方式标示追溯码及相关信息的标牌，与所追溯产品具有对应关系。

（7）产品批次　采用相同的原料、相同的环境、相同的工艺、同期生产或制造的具有相同（或相近）性能特征的一定数量的产品。

（8）批（次）号　追溯系统中对产品批次进行标识的代码。

二、实验条件

（1）扫码设备或手机。

（2）追溯码。

三、分析步骤

1.扫码追溯码

通过手机APP或扫码设备扫描图1鸿翔大米追溯码，查看商品溯源信息。

鸿翔大米

食品追溯

图 1　鸿翔大米追溯码

2.查看追溯数据

请根据表1查看大米追溯信息。

表 1　大米溯源信息一栏表

内容	查看信息
产品信息	产品名称、净含量、产品规格、生产日期、保质期、生产者名称、生产者地址、生产者联系方式、生产批次号、执行标准、标签标识
种植信息	品种名称、育种时间、负责人、种植方式、水肥名称、水肥责任人、病虫害防治、病虫害防治责任人、检测证书名称、检测证书编码、检验结果、检验责任人、采收方式、采收人、采收时间
原料信息	原料名称、数量、保质期、供货日期、检验人、供货者名称
生产工序信息	原粮清理：工艺流程、工序时长、负责人 水磨碾米：工艺流程、工序时长、负责人 谷糙混合物分离：工艺流程、工序时长、负责人 抛光：工艺流程、工序时长、负责人 色选：工艺流程、工序时长、负责人 手选：工艺流程、工序时长、负责人 大米分级：工艺流程、工序时长、负责人 包装：工艺流程、工序时长、负责人
出入库信息	入库名称、入库数量、入库时间、入库质检员、入库检验结果、出库时间、出库数量、出库质检员、购物者名称、购物者联系方式、购物者地址

四、数据记录

请将溯源信息完整记录于相应表格中。

任务单

一、任务要求

利用手机APP或扫码设备扫描大米追溯码，查询溯源信息，并能准确记录追溯数据。

二、任务实施

（一）溯源信息查询准备

（1）扫码设备或手机。

（2）追溯码。

（二）信息查询

扫描资料单中鸿翔大米追溯码，查看商品溯源信息。

（三）溯源信息记录

产品信息记录表

产品名称		净含量		产品规格	
生产日期		保质期		标签标识	
生产者名称		联系方式		生产批次号	
生产者地址				执行标准	

种植信息记录表

品种名称		育种时间		负责人	
种植方式		水肥名称		水肥责任人	
病虫害防治		病虫害防治责任人		检验责任人	
检测证书名称		检测证书编码		检验结果	
采收方式		采收人		采收时间	
备注					
注：附检测证书					

原料信息记录表

品种名称		数量		保质期	
供货日期		检验人		供货者名称	
注：附原料检验报告					

生产工序信息记录表

1.原粮清理					
工艺流程		工序时长		负责人	
2.水磨碾米					
工艺流程		工序时长		负责人	
3.谷糙混合物分离					
工艺流程		工序时长		负责人	
4.抛光					
工艺流程		工序时长		负责人	
5.色选					
工艺流程		工序时长		负责人	
6.手选					
工艺流程		工序时长		负责人	
7.大米分级					
工艺流程		工序时长		负责人	
8.包装					
工艺流程		工序时长		负责人	
备注					

出入库信息记录表

入库名称		入库数量		入库时间	
入库检验结果		入库质检员		/	/
出库时间		出库数量		出库质检员	
购物者名称		购物者联系方式		购物者地址	
备注					

三、考核评价

稻米追溯信息的
查询考核评分标准

粮农作物追溯信
息的采集与记录
知识点在线测试

粮农食品质量追
溯仿真

考核项目二
畜产品追溯信息的采集与记录

技能操作　肉制品追溯信息的查询

资料单

一、基本概念

（1）条码　由一组规则排列的条、空及其对应字符组成的标记，用以表示一定的信息。

（2）一维条码　只在一维方向上表示信息的条码符号。

（3）二维条码　在二维方向上都表示信息的条码符号。

（4）耳标　耳标是动物标识之一，用于证明牲畜身份，承载牲畜个体信息的标志，加施于牲畜耳部。我国实施的耳标主要采用二维码耳标和电子耳标。

（5）射频识别（RFID）　在频谱的射频部分，利用电磁耦合或感应耦合，通过各种调制和编码方案，与射频标签交互通信唯一读取射频标签身份的技术。

（6）电子耳标　是利用RFID技术制作耳标，把耳标打在动物耳朵上，饲养场或饲养员通过RFID读写设备，实时地记录动物从出生到屠宰、冷储、销售等整个环节的信息，并通过公众的信息查询平台，供公众查询，监督畜产品的质量安全。

二、实验条件

（1）扫码设备或手机。

（2）追溯码。

三、分析步骤

1. 扫码追溯码

通过手机APP或扫码设备扫描图 1 牛腿肉追溯码，查看商品溯源信息。

图 1　牛腿肉追溯码

2. 查看追溯数据

请根据表 1 查看牛腿肉追溯信息。

表 1　牛腿肉溯源信息一栏表

内容	查看信息
产品信息	产品名称、重量、质量品级、生产日期、生产者名称、生产者地址、生产批次号、执行标准
养殖环节信息	耳号、品种、重量、出生日期、年龄、花色、养殖机构名称、养殖地址、养殖方式、药品名称、药品批次、饲料名称、饲料批次号
屠宰环节信息	屠宰场、进场时间、批次号、屠宰时间、分割时间、包装时间、流水线编号、分割后重量、检疫证明
仓储环节信息	仓库号、入库时间、出库时间、装箱箱号、重量
物流环节信息	单号、责任方、物流方式、货运车牌号、司机姓名、联系方式

四、数据记录

请将溯源信息完整记录于相应表格中。

任务单

一、任务要求

利用手机APP或扫码设备扫描牛腿肉追溯码，查询产品养殖环节、屠宰环节、仓储和物流环节的溯源信息，并准确记录追溯数据。

二、任务实施

（一）溯源信息查询准备

（1）扫码设备或手机。

（2）追溯码。

（二）信息查询

扫描资料单中牛腿肉追溯码，查询产品溯源信息。

（三）溯源信息记录

产品信息记录表

产品名称		重量		质量品级	
生产者名称		生产日期		生产批次号	
生产者地址				执行标准	
备注					

养殖环节信息记录表

耳号		品种		重量	
出生日期		年龄		花色	
养殖机构名称		养殖地址		养殖方式	
药品名称		药品批次		饲料名称	
饲料批次号					
备注					

屠宰环节信息记录表

屠宰场		进场时间		批次号	
屠宰时间		分割时间		包装时间	
流水线编号		分割后重量			
注：附检疫证明。					

仓储物流环节信息记录表

仓储号		入库时间		出库时间	
装箱箱号		装箱重量		物流责任方	
物流单号		物流方式		货运车牌号	
司机姓名		联系方式			

三、考核评价

肉制品追溯信息的查询考核评分标准

畜产品追溯信息的采集与记录知识点在线测试

附 录

附表 1　方案设计表

<table>
<tr><td>组长</td><td></td><td>组员</td><td colspan="4"></td></tr>
<tr><td>学习项目</td><td colspan="6"></td></tr>
<tr><td>学习时间</td><td></td><td>地点</td><td></td><td>指导教师</td><td colspan="2"></td></tr>
<tr><td rowspan="3">准备内容</td><td>仪器设备</td><td colspan="5"></td></tr>
<tr><td>试剂耗材</td><td colspan="5"></td></tr>
<tr><td>样品</td><td colspan="5"></td></tr>
<tr><td>具体步骤</td><td colspan="6"></td></tr>
<tr><td rowspan="7">任务分工</td><td>姓名</td><td colspan="4">工作分工</td><td>完成效果</td></tr>
<tr><td></td><td colspan="4"></td><td></td></tr>
<tr><td></td><td colspan="4"></td><td></td></tr>
<tr><td></td><td colspan="4"></td><td></td></tr>
<tr><td></td><td colspan="4"></td><td></td></tr>
<tr><td></td><td colspan="4"></td><td></td></tr>
<tr><td></td><td colspan="4"></td><td></td></tr>
</table>

附表 2　试剂配制表

组号	所需试剂名称	浓度	用量	配制方法

附表 3 所需仪器设备统计表

仪器设备名称	型号/规格	数量（个）	使用前情况	使用后情况

附表 4 原料（样品）配制表

组号	所需原料名称	等级	用量	备注

附表 5 场地材料表

组号	所需原料名称	型号/规格	数量	备注